T0233344

Kompaktkurs Kombinatorik

Ihr Bonus als Käufer dieses Buches

Als Käufer dieses Buches können Sie kostenlos unsere Flashcard-App „SN Flashcards" mit Fragen zur Wissensüberprüfung und zum Lernen von Buchinhalten nutzen. Für die Nutzung folgen Sie bitte den folgenden Anweisungen:

1. Gehen Sie auf **https://flashcards.springernature.com/login**
2. Erstellen Sie ein Benutzerkonto, indem Sie Ihre Mailadresse angeben und ein Passwort vergeben.
3. Verwenden Sie den Link aus einem der ersten Kapitel um Zugang zu Ihrem SN Flashcards Set zu erhalten.

Ihr persönlicher SN Flashards Link befindet sich innerhalb der ersten Kapitel.

Sollte der Link fehlen oder nicht funktionieren, senden Sie uns bitte eine E-Mail mit dem Betreff **„SN Flashcards"** und dem Buchtitel an **customerservice@springernature.com.**

Mario H. Kraus

Kompaktkurs Kombinatorik

Gezählt, verteilt und wohlgeordnet

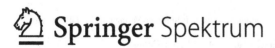
Springer Spektrum

Mario H. Kraus
Berlin, Deutschland

ISBN 978-3-662-66972-3 ISBN 978-3-662-66973-0 (eBook)
https://doi.org/10.1007/978-3-662-66973-0

Die Deutsche Nationalbibliothek verzeichnet diese Publikation in der Deutschen Nationalbibliografie; detaillierte bibliografische Daten sind im Internet über http://dnb.d-nb.de abrufbar.

© Der/die Herausgeber bzw. der/die Autor(en), exklusiv lizenziert an Springer-Verlag GmbH, DE, ein Teil von Springer Nature 2023
Das Werk einschließlich aller seiner Teile ist urheberrechtlich geschützt. Jede Verwertung, die nicht ausdrücklich vom Urheberrechtsgesetz zugelassen ist, bedarf der vorherigen Zustimmung des Verlags. Das gilt insbesondere für Vervielfältigungen, Bearbeitungen, Übersetzungen, Mikroverfilmungen und die Einspeicherung und Verarbeitung in elektronischen Systemen.
Die Wiedergabe von allgemein beschreibenden Bezeichnungen, Marken, Unternehmensnamen etc. in diesem Werk bedeutet nicht, dass diese frei durch jedermann benutzt werden dürfen. Die Berechtigung zur Benutzung unterliegt, auch ohne gesonderten Hinweis hierzu, den Regeln des Markenrechts. Die Rechte des jeweiligen Zeicheninhabers sind zu beachten.
Der Verlag, die Autoren und die Herausgeber gehen davon aus, dass die Angaben und Informationen in diesem Werk zum Zeitpunkt der Veröffentlichung vollständig und korrekt sind. Weder der Verlag, noch die Autoren oder die Herausgeber übernehmen, ausdrücklich oder implizit, Gewähr für den Inhalt des Werkes, etwaige Fehler oder Äußerungen. Der Verlag bleibt im Hinblick auf geografische Zuordnungen und Gebietsbezeichnungen in veröffentlichten Karten und Institutionsadressen neutral.

Planung/Lektorat: Nikoo Azarm
Springer Spektrum ist ein Imprint der eingetragenen Gesellschaft Springer-Verlag GmbH, DE und ist ein Teil von Springer Nature.
Die Anschrift der Gesellschaft ist: Heidelberger Platz 3, 14197 Berlin, Germany

Vorwort

wenn ich klatsche & singe staunen die anderen & tanzen
wenn ich klatsche & singe tanzen die anderen & staunen
wenn ich klatsche & staune singen die anderen & tanzen
wenn ich klatsche & staune tanzen die anderen & singen
wenn ich klatsche & tanze singen die anderen & staunen
wenn ich klatsche & tanze staunen die anderen & singen

wenn ich singe & klatsche staunen die anderen & tanzen
wenn ich singe & klatsche tanzen die anderen & staunen
wenn ich singe & staune klatschen die anderen & tanzen
wenn ich singe & staune tanzen die anderen & klatschen
wenn ich singe & tanze staunen die anderen & klatschen
wenn ich singe & tanze klatschen die anderen & staunen

wenn ich staune & klatsche singen die anderen & tanzen
wenn ich staune & klatsche tanzen die anderen & singen
wenn ich staune & singe klatschen die anderen & tanzen
wenn ich staune & singe tanzen die anderen & klatschen
wenn ich staune & tanze klatschen die anderen & singen
wenn ich staune & tanze singen die anderen & klatschen

wenn ich tanze & klatsche singen die anderen & staunen
wenn ich tanze & klatsche staunen die anderen & singen
wenn ich tanze & singe staunen die anderen & klatschen
wenn ich tanze & singe klatschen die anderen & staunen
wenn ich tanze & staune singen die anderen & klatschen
wenn ich tanze & staune klatschen die anderen & singen

„Schöner Abend" entstand 2009 und zeigt meine schon lange andauernde Neigung
zur Kombinatorik; die Werke von *Ernst Jandl* (*1925, †2000), *Gerhard Rühm*
(*1930), *Franz Mon* (*1926, †2022) und anderen haben mich geprägt. Als ich
2020 meine „Kulturgeschichte des Zählens" schrieb, war mir spätestens beim
Abschnitt über Kombinatorik bewusst, dass ich dazu eigens etwas schreiben
würde (nein, musste). Meine Persönlichkeit kam durch. Die Veranlagung, Muster
und Strukturen in der Welt um mich herum zu erkennen, machte mich lebens-
tüchtig – was mir nun, mit 50 Jahren, sehr bewusst ist. Mathematik bereitete
mir aber schon in der Schulzeit Freude; ich hatte erstens gute Lehrer und musste
zweitens aufgrund meiner Neigungen kaum dafür lernen.

Aufgewachsen in Ost-Berlin, erlernte ich die Grundlagen der Kombinatorik bereits in der Abiturstufe. Das war nützlich für meine Diplomarbeit und meine Zeit in der Forschung (zum Wasserstoff-Deuterium-Austausch an Peptiden folgt daher ein Abschnitt in diesem Buch). Später war ich Bereichsleiter Schule/Hort in einem gemeinnützigen Bildungsunternehmen, das sich der Kreativitätspädagogik verschrieben hatte. Kombinatorik war hilfreich im Alltag, etwa bei Einsatzplanung und Entscheidungsfindung; doch auch Kreativität und Kreativitätstechniken als solche beruhen teils auf Kombinatorik. In meiner Arbeit als Mediator entstand zudem eine Strategiematrix, eine Heuristik zum Ergründen von Handlungsspielräumen: Es gibt in jeder Lebenslage mehrere – wenn auch nicht immer angenehme – Wahlmöglichkeiten, die es zu kennen gilt; Kombinatorik erscheint in gesellschaftlichen Beziehungsgeflechten. Zu guter Letzt ergab meine Suche nach Mustern auch Sprachspiele und Gedichte (einige davon sind hier wiedergegeben).

Nun folgt also dieses Buch. Ich habe versucht, es unterhaltsam und anschaulich, damit niederschwellig, zu gestalten. Es soll die Lücke schließen zwischen gut eingeführten Lehrwerken für die Hochschule, die aber oft inhaltlich etwas sperrig sind (gerade wenn man sich noch nicht viel mit Mathematik befasst hat) und den zunehmend bilderbuchartigen und inhaltsarmen Schullehrbüchern (man kann es mit der Anschaulichkeit auch übertreiben). Zielgruppen sind also Lernende und Lehrende der Mathematik und verwandter Richtungen (Abiturstufe oder Bachelor-Studium), ganz allgemein alle Menschen mit Neigungen zur Kombinatorik oder auf der Suche nach fachübergreifenden Zusammenhängen.

Kulturgeschichtlich verbindet Kombinatorik die Werke eines eigenwilligen mallorquinischen Missionars aus dem 13. Jahrhundert mit den Schaltungen auf einem Siliciumchip aus dem 21. Jahrhundert, das I Ging mit der Braille-Schrift und *Fast Food* mit Lyrik. In Deutschland führt sie ein Schattendasein; in der Schul- und Hochschulausbildung englischsprachiger Länder dient sie traditionell zur Einführung des Zählens und der Zahlbegriffe.

Der Abschnitt über Musik und Tanz entstand aus Konzertbesuchen und Gesprächen mit einem langjährigen Freund und ehemaligen Kollegen, *Stefan Wagner*, musikbegeisterter Lehrer für Mathematik und Physik. Von ihm habe ich mehr über Musik gelernt als von jedem anderen. *Isaak Horrum* und *Omar S. Khouri* danke ich für den umfassenden Austausch. Dem Springer-Verlag, vor allem *Dr. Annika Denkert, Nikoo Azarm, Agnes Herrmann* und *Stella Schmoll,* danke ich für die Möglichkeit, ein weiteres meiner Vorhaben umsetzen zu können. Das Buch ist meinem Sohn Georg gewidmet, der gerade sein 3. Schuljahr beendet – und Freude an Mathematik zeigt.

Ansonsten wünsche ich viel Vergnügen mit dem Buch und viel Erfolg beim Erkennen und Anwenden von Kombinatorik im Alltag. Verbesserungsvorschläge und Ergänzungshinweise sind jederzeit willkommen.

Berlin   Mario H. Kraus
im Sommer 2022

Inhaltsverzeichnis

Über den Autor

Dr. Mario H. Kraus (*1973 Berlin), Diplom-Chemiker (Bioanalytik/Massen-spektrometrie) und bis Ende 2001 in der Forschung tätig, arbeitet seither als Mediator und Publizist (Fachgebiet Wohnungswirtschaft/Stadtentwicklung), Dissertation beim Stadtforscher Prof. Dr. Hartmut Häußermann (*1943, †2011), Humboldt-Universität zu Berlin 2009; er betreute ein landeseigenes Wohnungsunternehmen, unterrichtete Mediation an zwei Hochschulen, veröffentlichte mehrere Fachbücher und gehört zum Aufsichtsrat der größten Berliner Wohnungsgenossenschaft. Bei Springer erschien im Fachgebiet Mathematik zuletzt 2021 „Eins, zwei, viele. Eine Kulturgeschichte des Zählens".

Abbildungsverzeichnis

Tabellenverzeichnis

Einleitung

Schlüsselwörter

Diskrete Mathematik – Arithmetik – Kombinatorik – Phänomenologie: Gegenstand und Ding

Mit der kostenlosen Flashcard-App „SN Flashcards" können Sie Ihr Wissen anhand von Fragen überprüfen und Themen vertiefen. Für die Nutzung folgen Sie bitte den folgenden Anweisungen:

1. Gehen Sie auf https://flashcards.springernature.com/login
2. Erstellen Sie ein Benutzerkonto, indem Sie Ihre Mailadresse angeben und ein Passwort vergeben.
3. Verwenden Sie den folgenden Link, um Zugang zu Ihrem SN Flashcards Set zu erhalten: https://sn.pub/evRg8h

Sollte der Link fehlen oder nicht funktionieren, senden Sie uns bitte eine E-Mail mit dem Betreff „SN Flashcards" und dem Buchtitel an customerservice@springernature.com.

Dieses Buch ist eine fachübergreifende Einführung: Die behandelten Gesetzmäßigkeiten erscheinen in Mathematik und Informatik, Musik und Linguistik, Logistik und Biologie; die ersten Erkenntnisse entstanden einst in der Philosophie und Theologie. Innerhalb der Mathematik gibt es Verbindungen insbesondere zu Statistik, Graphentheorie, Topologie, Kryptographie und Logik (Abb. 1.1). Wesentlich sind zunächst folgende Einteilungen:

Diskrete Mathematik (lat. *discretus,* getrennt, verschieden, lat. *mathematica/* griech. *mathematike techne,* Kenntnis, Gelerntes) ist ein Fachgebiet, in dem unterscheidbare, abzählbare Zahlen, Begriffe, Dinge behandelt werden. Es geht stets um ein *Dis-Kontinuum,* nicht um ein *Kontinuum.* Die jeweiligen Mengen sind

© Der/die Autor(en), exklusiv lizenziert an Springer-Verlag GmbH, DE, ein Teil von Springer Nature 2023

M. Kraus, *Kompaktkurs Kombinatorik,* https://doi.org/10.1007/978-3-662-66973-0_1

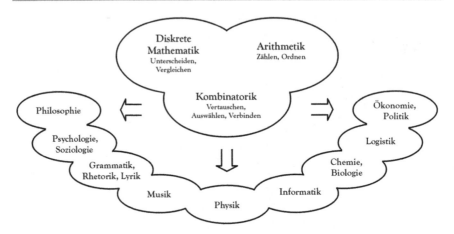

Abb. 1.1 Kombinatorik im Zusammenhang der Fachgebiete

meist endlich, wenngleich sich die Untersuchungen auch auf unendliche Mengen ausdehnen lassen. Und zum Zählen werden die natürlichen Zahlen benötigt.

Arithmetik (lat. *arithmetika*/griech. *arithmetike techne*, Rechenkunst) ist das Fachgebiet, in dem ursprünglich nur natürliche Zahlen behandelt wurden, also die ganzen Zahlen größer als Null (1, 2, 3, …). Heutzutage werden auch die ganzen Zahlen kleiner als Null einbezogen (…, -3, -2, -1): Die Rechenregeln sind dieselben.

Kombinatorik (spätlat. *combinare*, zweierlei zusammenbringen, abgeleitet *combinatio*, Zusammenstellung) verbindet beide Gebiete; es geht um das Zählen und Ordnen, das Auswählen und Verteilen von Dingen *(Elemente, Objekte)* aus bestimmten Mengen.

Der nachfolgend verwendete Begriffs des Dings ist der Phänomenologie entlehnt. Dieser geisteswissenschaftliche Ansatz beruht im deutschsprachigen Raum auf Arbeiten insbesondere von *Edmund Husserl* (*1859, †1938), *Martin Heidegger* (*1889, †1976), *Otto F. Bollnow* (*1903, †1991), *Hermann Schmitz* (*1928, †2021), *Bernhard Waldenfels* (*1934) oder *Peter Sloterdijk* (*1947). Untersucht werden die alltäglichen, wahrnehmbaren Erscheinungen der Lebenswelten. Ein solcher Ansatz ist für eine fachübergreifende Darstellung zweckmäßig, geht es doch darum, Gemeinsamkeiten (hier also berechenbare Zusammenhänge) in ganz verschiedenen Anwendungen und Arbeitsgebieten zu zeigen.

Dinge sind demnach *Gegenstände*, denen eine bestimmte *Bedeutung* zugemessen wird. Anstelle einer Einführung in die Mengenlehre sei hier nur erwähnt, dass es sinnvoll ist, zu bestimmten Zwecken bestimmte Menschen, Tiere, Pflanzen, Gegenstände, Sachverhalte, Zustände, Begriffe im Zusammenhang zu betrachten. Dazu müssen diese jeweils Eigenschaften und Merkmale gemeinsam haben, die sie gleich oder ähnlich erscheinen lassen – oder wichtige Beziehungen zwischen ihnen lassen sie zusammengehören und zusammenwirken. Sie können dann als *Menge* gelten.

- Kombinatorik ermöglicht festzustellen, wie viele und welche Anordnungen und Auswahlen aus Mengen oder welche Wechselbeziehungen innerhalb von und zwischen Mengen möglich sind. Untersucht werden hier endliche, abzählbare Mengen (wenngleich in der Mathematik auch unendliche und überabzählbare Mengen behandelt werden; die sind aber im Alltag der meisten Menschen nicht besonders wichtig).

- Kombinatorik verhilft zu vollständigen Listen von Möglichkeiten und Grundgesamtheiten, sofern alle Rahmenbedingungen und Gesetzmäßigkeiten bekannt sind. Sie hilft damit ein wenig gegen das bekannte Gefühl, etwas Wichtiges vergessen zu haben; doch nicht alles Berechenbare verwirklicht sich.

- Kombinatorik ist (wie *Skalierungsprinzipien* oder *Systemdynamiken*) einer der überfachlichen Zugänge zum Verständnis alltäglicher Erscheinungen. Sie lässt sich auf belebte und unbelebte Untersuchungsgegenstände anwenden. Dabei wird das ganzheitliche Denken geschult.

- Kombinatorik ist lehrreich und vergleichsweise leicht erlernbar. Sie gibt ein Gefühl für Größenordnungen und Zusammenhänge. Insbesondere offenbart sie, wie aus übersichtlichen, geordneten Verhältnissen plötzlich viele, sich verzweigende Ereignisstränge entstehen können, sobald sich die Zahl der Beteiligten oder einige Rahmenbedingungen nur ein wenig ändern.

- Kombinatorik erschließt sich nicht nur Menschen, die Muster erkennen und mögen; sie ist ganz allgemein ein guter Einstieg in die Mathematik.
  Das Buch enthält zahlreiche Herleitungen, doch keine strengen Beweise (Stichwort *Induktion*): Es soll die wichtigsten Denkweisen und Rechenverfahren über die Anschauung vermitteln, dabei zum Probieren und Spielen anregen. Viele Aufgaben der Kombinatorik lassen sich rechnerisch, zeichnerisch oder gegenständlich bewältigen. Auf mehreren Wegen ans Ziel zu gelangen, verschafft zusätzliche Übung. Beweise sind die nächste Stufe der Erkenntnis. Aus ähnlichen Gründen werden *Molekül-/Kristallsymmetrie* oder *Quantenstatistik* nicht behandelt: Die benötigten Vorkenntnisse sind doch sehr umfangreich. Auch *Topologie* und *Graphentheorie* werden nur einige Male erwähnt.

Das folgende zweite Kapitel zeigt kurz die geschichtliche Entwicklung des Gebiets.

Das dritte Kapitel beschreibt die wichtigsten Gesetzmäßigkeiten und Rechenverfahren.

Das vierte Kapitel umreißt deren Nutzen in einigen fachlichen Anwendungen.

Das fünfte Kapitel umfasst 50 Übungsaufgaben und Lösungen.

Die wichtigsten Gleichungen des dritten Kapitels sind nummeriert; die Anwendungs- und Rechenbeispiele im vierten und fünften Kapitel beziehen sich darauf.

Höhere Mathematik wird nicht benötigt, wenngleich es gilt, Rechenregeln zu verstehen und anzuwenden; Kenntnisse des Rechnens mit natürlichen Zahlen und etwas Kopfrechnen genügen völlig.

Ein wichtiges Arbeitsmittel ist die Online Encyclopedia of Integer Sequences (oeis.org): In der Kombinatorik erscheinen Muster zumeist in Gestalt bestimmter

Zahlenfolgen. Die wichtigsten zehn lassen sich mit etwas Übung schnell erkennen, andere mit der OEIS ebenso schnell überprüfen.

Literatur (Hintergründe insbesondere der Diskreten Mathematik)

Aigner, M. (2006). *Diskrete Mathematik*. Vieweg Teubner.
Beutelspacher, A., & Zschiegner, M.-A. (2014). *Diskrete Mathematik für Einsteiger*. Springer.
Diekert, V. et al. (2013). *Elemente der Diskreten Mathematik*. De Gruyter.
Ihringer, T. (2013). *Diskrete Mathematik*. Springer Teubner.
Iwanowski, S., & Lang, R. (2020). *Diskrete Mathematik mit Grundlagen*. Springer Vieweg.
Matousek, J., & Nesetril, J. (2007). *Diskrete Mathematik*. Springer.
Steger, A. (2007). *Diskrete Strukturen I*. Springer.

Kurze Geschichte der Kombinatorik

2

Schlüsselwörter

Antike, Mittelalter, Aufklärung, Moderne – Ramon Llull, Athanasius Kircher, Gottfried Wilhelm Leibniz und andere – Musik, Rüstung, Massenfertigung

Einige griechische Gelehrte der Antike sannen bereits vor 2500 Jahren darüber nach, auf wie viele Arten eine bestimmte Zahl von Dingen angeordnet werden kann. Vermutlich fanden sie dafür kaum Anwendungen, und es gab auch noch keine Formelsprache. Dem rätselhaften – scheinbar lateinischen – Palindrom-Quadrat

SATOR (Sämann)
AREPO (?)
TENET (hält)
OPERA (Werke)
ROTAS (Räder)

wurden schon viele Bedeutungen zugeschrieben. Seit knapp zwei Jahrtausenden ziert es Bauwerke, gelegentlich auch Schmuckstücke. Möglicherweise ist es eine Erkennungsformel aus der Zeit der Christenverfolgungen. Das *Sefer Yetzirah*, „Buch der Schöpfungen", eine zur Kabbala gehörende, zwischen 1000 und 2000 Jahre alte jüdische Schrift nennt zahlreiche wichtige Zahlen und verschlüsselt die sechs wichtigen Richtungen – Höhe und Tiefe, Ost und West, Süden und Norden – mit dem Namen Gottes in Vertauschungen: IHV, IVH, HIV, IVH, VIH, HVI.

Vor 750 Jahren verwirrte der Mallorquiner *Ramon Llull* (lat. *Raimundus Lullus,* *1232, †1316) die Geistlichen und Gelehrten seiner Zeit: Wollte er doch nichts weniger als mit außergewöhnlich-ganzheitlichen Denkansätzen dem Christentum eine neue, „vernünftige" Grundlage geben. Nach einem Erweckungserlebnis mit 30 Jahren studierte er viele gelehrte Schriften seiner Zeit, lernte Arabisch und Latein, reiste bis ins hohe Alter als selbsternannter Missionar vor allem im

© Der/die Autor(en), exklusiv lizenziert an Springer-Verlag GmbH, DE, ein Teil von
Springer Nature 2023
M. Kraus, *Kompaktkurs Kombinatorik,* https://doi.org/10.1007/978-3-662-66973-0_2

Mittelmeerraum umher und schuf dabei über 250 Werke. Seine *Ars magna* oder *Generalis ultima* sollte „das beste Buch der Welt" werden – was Zeitgenossen ketzerisch und gefährlich erschien: Das beste Buch der Welt war für die Einen die Bibel, für die Anderen der Koran. Zu seiner neuen Lehre gehörte der Ansatz, wichtige Begriffe zu immer wieder neuen Verbindungen und Bedeutungen zu fügen – um Menschen neue Einsichten zu eröffnen und ihnen eine Erklärung der Welt zu ermöglichen. Er entwarf eine *Logische Maschine* aus mehreren drehbaren Kreisscheiben, die jeweils verschiedene Begriffe aus Philosophie und Theologie trugen. Drehen der Scheiben verband jeden Begriff mit allen anderen, um aus neuen gedanklichen Verbindungen; es ging um Gott, Leben, Glauben, Schicksal, Ewigkeit oder Schöpfung. Sein Drehscheiben-Verfahren blieb in der Welt: Seither wurden und werden damit Nachrichten verschlüsselt, Musikstücke geschrieben, Gedichte verfasst, Versuchsreihen geplant, Schaltungen entworfen, Tresore verschlossen, Waren befördert oder Geschäftsideen gesucht (heute kennt man die Regeln und muss keine Drehscheiben mehr basteln, die sind aber trotzdem anschaulich) (Vega et. al. 2018).

Die Jahrhunderte nach Ramon Llull zeigten die dem Katholizismus lange innewohnenden Widersprüche: Zahlreiche Klöster und der Vatikan waren Orte der Gelehrsamkeit; altes Wissen aus den babylonischen, ägyptischen, indischen, chinesischen, griechischen und römischen Kulturen wurde dort bewahrt, erweitert und gelehrt. Wer gut vernetzt war und sich in den jeweiligen, oft wechselnden Machtverhältnissen zurecht fand, hatte durchaus Freiheiten. Hochrangige Geistliche betrieben eigene Forschungen oder pflegten regen Austausch mit Gelehrten in Europa – selbst in Kriegs- und Seuchenzeiten. Wer sich jedoch offenkundig gegen die Verhältnisse stemmte oder sich auf die falschen Leute verließ, musste leiden.

Zunächst befasste sich der deutsche Gelehrte *Nikolaus von Kues* (lat. *Nicolaus Cusanus,* *1401, †1464), hoher geistlicher Würdenträger, mit den Arbeiten des umstrittenen Missionars. Wie dieser wollte er das Christentum wissenschaftlich begründen, um nicht nur auf Überlieferungen und Glaubenssätze angewiesen zu sein.

Zwei italienische Baumeister mit vielseitigen Neigungen nutzten im Abstand von etwa einem Jahrhundert Drehscheiben nach dem Vorbild von Ramon Llull, um Nachrichten zu verschlüsseln – *Leon Battista Alberti* (*1404, †1472) und *Giovanni Battista Della Porta* (*Giambattista della Porta,* *1535?, †1615). Ersterer begründete die wissenschaftliche Kryptographie mit (*De componendis cifris,* 1466) und bezog sich auch auf den damals neuen Buchdruck. Das von *Johannes Gutenberg* (*1400?, †1468?) eingeführte Verfahren ermöglichte, mit einem endlichen und vergleichsweise kleinen Vorrat von Zeichen eine große Menge von Druckschriften zu erzeugen (Bauer 2000).

Ein Zeitgenosse des Letzteren, der deutsche Jesuit *Christoph Clavius* (*1538, †1612), Mathematiker und Astronom, widmete sich nicht nur der Kombinatorik; er war befasst mit der Kalenderreform von 1582 und mit Galileo Galilei (*1564, †1641/42) befreundet. *Marin Mersenne* (*1588, †1648), ein gut vernetzter französischer Geistlicher und Gelehrter, Jugendfreund von *René Descartes* (*1596, †1650), widmete sich Zahlen und deren Anordnungen ebenso wie Forschungsgegenständen aus Physik und Musik; er pflegte Schriftwechsel mit *Blaise Pascal* (*1623, †1662) oder *Pierre de Fermat* (*1607, †1665). Diese wiederum befassten sich mit dem Glücksspiel, was sich für die Kombinatorik ebenso als förderlich erwies: Etliche Gesetzmäßigkeiten wurden damals gefunden.

Der vielseitige deutsche Gelehrte und Jesuit *Athanasius Kircher* (*1602, †1680) entwarf in dieser Zeit – neben seiner Arbeit für den Vatikan und zahlreichen Forschungen – Musikautomaten und Kompositionsalgorithmen nach den Regeln der Kombinatorik. Er pflegte Schriftwechsel mit *Gottfried Wilhelm Leibniz* (*1646, †1716). Dieser stand wie zahlreiche Gelehrte der Vormoderne in fürstlichen Diensten und entwickelte „nebenbei" sein vielfältiges Lebenswerk (Hirsch 2000). Leibniz ist heute bekannt durch eine Rechenmaschine und einen Infinitesimal-Kalkül – um den es jahrelangen Urheberstreit mit dem umtriebigen Engländer *Isaac Newton* (*1642/43, †1726/27) gab. Er prägte in seinem Frühwerk *Dissertatio de arte combinatoria* (1666) den Begriff *Kombinatorik,* konnte oder wollte aber das Fachgebiet später nicht weiterentwickeln. Seine Erkenntnisse versuchte er zum Systematisieren, Kategorisieren und Katalogisieren zu nutzen, gehörte doch zu seinen Aufgaben die Neuordnung der Bibliothek seines herzoglichen Dienstherren. Im 2. Band *(The Confusion)* seines *Barock Cycle* zeigte der britische Autor *Neal Stephenson* (*1959), wie der Gelehrte einem Bekannten ein Ergebnis seiner Forschung vorführt (das Gespräch hat leider nie stattgefunden, und die beschriebene Erfindung gab es nicht) (Stephenson 2004, 297–300):

> „Behold, the Bücherrad!" Leibniz said. Viewed end-on, the Bücherrad was hexagonal, and nearly as tall as Fatio. When he worked his way round to the front, he saw that it consisted mostly of six massive shelves, each one a couple of fathoms long, bridging the interval between hexagonal end-caps that were mounted on axles so that the whole apparatus could be revolved. But each of the six shelves was free to revolve on an axis of its own. As the Bücherrad spun, each of those shelves counter-rotated in such a way that it maintained a fixed angle in respect to the floor, and did not spill its load of books. Going round to the other end, Fatio was able to see how it worked: a system of planetary gears, carven from hard wood, spun about the central axle-tree like Ptolemaic epicycles. ...
> „The process of abstraction continues," Leibniz said. „Duke August could not keep the contents of his library in his memory, so he wrote out catalogs. And when there were to many catalogs for him to use them conveniently, he had woodwrights make Bücherrads – engines to facilitate the use and maintenance of the catalogs."
> „It ist very ingenious."
> „Yes – and it is three-score years old," Leibniz returned. If you do the arithmetick, as I have, you may easily demonstrate that to hold all the catalogs needed to list all the world's books would require so many Bücherrads that we would need some Bücherrad-rads to spin them around, and a Bücherad-rad-rad to hold all of them."
> „German is a convenient language that way," Fatio said diplomatically
> „And so on with no end in sight! There are not enough woodwrights to carve all of the gears. New sorts of knowledge-engines are demanded."
> „I confess you have lost me, Doctor." ...
> Leibniz stepped over to an empty bookcase and drew his finger down the length of one shelf from left to right. „A shelf is akin to a Cartesian number-line. The position of a book on that shelf is associated with a number. But only one number! Like a number-line, it ist one-dimensional. In analytic geometry we may cross two or three number-lines at right angels to create a multi-dimensional space. Not so with bookshelves. The problem of the

librarian is that books are multi-dimensional in their subject matter but must be ordered on one-dimensional shelves." ...

„Your scheme is a fine way to build a library. For the corrrect position of any book may be found by taking the product of the several primes that correspond to its subjects. Even when these numbers grow to several digits, that presents no difficulty; and in any event it is well known that you have invented a machine capable of multiplying numbers with great facility, which I now perceive is just one element of the immense knowledge engine you have proposed to build."

„Indeed, all of these are of a piece, and may be considered aspects of my Ars Combinatoria. Did you have a question?"

Der deutsche Philosoph *Christian Wolff* (*1679, †1754) befasste sich etwas später mit der damals so genannten „Verbindungs- oder Versetzungskunst der Zeichen"; wohl erkannte er die Möglichkeiten, konnte (oder wollte) sie aber nicht in Rechenvorschriften fassen. Dies gelang erst einem Zeitgenossen, dem schottischen Mathematiker *James Stirling* (*1692, †1770). Der musste seinen Wirkungsort Oxford verlassen, weil er in Glaubens- und Machtstreitigkeiten verstrickt war. Er lehrte Mathematik in Venedig, das er fluchtartig verließ, nachdem er ein Komplott venezianischer Glasbläser aufgedeckt hatte, und wurde wohl 1725 von Isaac Newton nach London geholt. Dort begann seine große Schaffenszeit; er kannte Arbeiten von Leibniz und pflegte fachlichen Austausch mit dem französischen, als armer Glaubensflüchtling in London lebenden, Mathematiker *Abraham de Moivrè* (*1667, †1754).

Carl Philipp Emanuel Bach (*1714, †1788), ein Sohn von Johann Sebastian Bach, *Leonhard Euler* (*1707, †1783), einer der größten Mathematiker, und *Johann Georg Sulzer* (*1720, †1779), ein einflussreicher Gelehrter, standen im Dienst Friedrichs des Großen und suchten unter anderem nach wissenschaftlichen Grundlagen der Musik. Euler befasste sich auch mit Wahrscheinlichkeitsrechnung (anhand von Glücksspielen), einer rechnerischen Harmonielehre und Kombinatorik im Allgemeinen. Ein weiterer Mitstreiter war *Aaron Salomon Gumpertz* (*1723, †1769), Arzt und Philosoph, 1751 erster preußischer Jude mit einer Promotion. Nach dem Siebenjährigen Krieg wurden die Arbeiten von anderen Gelehrten in preußischen Diensten fortgeführt: *Johann Heinrich Lambert* (*1728, †1777) war preußischer Oberbaurat; und von den Musiktheoretikern und -publizisten *Johann Philipp Kirnberger* (*1721, †1783) und *Friedrich Wilhelm Marpurg* (*1718, †1795) war Ersterer Lehrer von Friedrichs Schwester Amalie und Letzterer Direktor der Preußischen Lotterie. Der König befasste sich nicht mit solchen Forschungen, wohl aber mit der Entwicklung von Musikautomaten und Webstühlen, damals vor allem in Frankreich und der Schweiz, die von Stiftwalzen und später Lochkarten gesteuert wurden. All diese Entwicklungslinien mündeten in die *Automatisierung* und *Digitalisierung* der Moderne (Dotzler 1996, Klotz 2006).

Jean Nicolas Pierre Hachette (*1769, †1834), französischer Mathematiker und Techniker, schuf einige Jahrzehnte später folgerichtig eine Kombinatorik von *Konstruktionselementen:* Er hatte erkannt, dass Schrauben und Bolzen, Wellen und Lager, Zahnräder und Riemenscheiben, Kurbeln und Hebel, um ganz unterschiedliche Zwecke zu erfüllen, in (fast) beliebigen Zusammenstellungen verwendet werden konnten. Doch vermisste er eine nachvollziehbare Ordnung; das ging nicht nur ihm so.

Lange gebräuchlich war damals schon eine andere Verbindung von Kombinatorik und Mechanik, die bis heute weiterentwickelt wurde, nämlich das Öffnen und Schließen von Türen mit Schlössern. Ein Schloss ist nicht anderes als eine Sperrvorrichtung, die sich mit einer von mehreren Einstellungen lösen lässt; der passende Schlüssel hat eine Form, die nur zu dem Schloss passt. Schloss und Schlüssel tragen also einen Code. Das gilt für die alten Kastenschlösser mit den großen Bartschlüsseln, die man heute noch in den Eingangstüren alter Häuser sowie in vielen Wohnungstüren findet; aber auch moderne Sicherheits- oder Stiftschlösser mit ihren federgelagerten Stiften öffnen nur, wenn der Schlüssel genau passt, also die Stifte gleichzeitig herunterdrückt, so dass der Schließzylinder frei drehen kann.

Insbesondere die Entwicklung von Waffen förderte schon im 18. Jahrhundert die Kombinatorik. Zwar gab es, etwa in England, Frankreich und einigen Teilstaaten Deutschlands, bereits eine Massenfertigung von Gewehren und Ausrüstungsteilen. Doch die aufwendigen Verfahren erforderten viel Handarbeit und führten dazu, dass die aneinander angepassten Teile „eigentlich" baugleicher Waffen im Feld eben doch nicht austauschbar waren. Noch vor 200 Jahren staunten Fachleute über eine Vorführung in Russland: 12 Soldaten zerlegten ihre Gewehre, warfen die Teile in einen Korb, dem sie zufallsbestimmt wiederum Teile entnahmen, um erfolgreich 12 Gewehre neu zusammenzusetzen; das war damals nicht selbstverständlich. Die immer weiter ausgreifenden Kriege des 19. Jahrhunderts beschleunigten die Forschung in Europa und den USA; die Ausrüstung von Truppen wurde mühsam vereinheitlicht, um günstiger beschaffen und schneller ersetzen zu können.

Das alltägliche Leben veränderte sich gleichfalls: Der Anbruch der Moderne mit Schreib- und Rechenmaschinen für immer mehr Unternehmen und Behörden, mit Nähmaschinen und Fahrrädern für immer mehr Haushalte beschleunigte den Fortschritt und senkte die Preise bereits vor über 150 Jahren. Der deutsche Ingenieur *Franz Reuleaux* (*1830, †1905) schuf eine neue Kombinatorik von Konstruktionselementen als Grundlage eines wissenschaftlichen Maschinenbaus. Die damalige, bildliche Fachsprache wirkt noch heute vollkommen und eigenwillig schön. So werden die Aufgaben von Getrieben benannt – *Gestaltung, Haltung, Leitung, Treibung;* Letztere wird verwirklicht durch *Gesperrtrieb, Kurbeltrieb, Kurventrieb, Rädertrieb, Schraubentrieb;* Ersterer wiederum erscheint als *Fangwerk, Hemmwerk, Schließwerk, Schaltwerk, Spannwerk, Sperrwerk …* (Berz 2001).

Der Ansatz umfassender Vereinheitlichung bewährte sich in der deutschen Rüstung des I. Weltkrieges. Die oft genannte Fließbandfertigung von Kraftfahrzeugen begann erst nach dem Krieg, zuerst im Unternehmen des US-amerikanischen Erfinders *Henry Ford* (*1853, †1947). Doch schon Jahrzehnte zuvor war die wissenschaftliche Betriebsführung *(Scientific Management)* nach *Frederick Winslow Taylor* (*1856, †1915) entstanden: Arbeitsvorgänge wurden zunächst in Großunternehmen untersucht, vereinfacht und vereinheitlicht. Dies führte zur Taktung der Arbeit, zu Arbeitszeiterfassung und Leistungsmessung in immer mehr Wirtschaftszweigen. Großserienfertigung brachte erschwingliche Waren für alle Bevölkerungsgruppen und führte als Kehrseite zu Entfremdung und Ausbeutung. Zu den Merkmalen moderner, arbeitsteiliger Massengesellschaften gehört die Austauschbarkeit von Waren, Geld – und Menschen.

Im 20. Jahrhundert erschien Kombinatorik wieder häufiger in der Musik. Der Österreicher *Arnold Schönberg* (*1874, †1951) nutzte Drehscheiben für die Entwicklung seiner Zwölftonmusik; der US-Amerikaner *John Cage* (*1912, †1992), der Deutsche *Karlheinz Stockhausen* (*1928, †2007) oder der Südkoreaner *Nam June Paik* (*1932, †2006) lösten sich immer mehr von überlieferten Regeln. Bisherige Grenzen zwischen Musik, Tanz, Theater, aber auch zwischen ruhendem und bewegtem Bild wurden aufgehoben. Arbeiten von Ramon Llull und seinen Nachfolgern beeinflussten ferner den spanischen Maler *Salvador Dali* (*1904, †1989), den argentinischen Schriftsteller *Jorge Luis Borges* (*1899, †1986) oder den italienischen Semiotiker und Autor *Umberto Eco* (*1932, †2016).

Über 500 Jahre lang, vom Ende des 13. bis zum Ende des 18. Jahrhunderts, wuchs die Kombinatorik also (soweit heute bekannt) durch die Arbeit von nur etwa zwei Dutzend europäischen Gelehrten. Einige waren Zeitgenossen und kannten sich, doch das meiste Wissen wurde durch Bücher und deren Übersetzungen weitergegeben. Mit Beginn der Moderne vor 150–200 Jahren mehrten sich die Fachgebiete und die Anwendungen der Mathematik. Zu den „neueren" Vertretern der Kombinatorik gehörten der britische Artillerieoffizier und Mathematiker *Percy Alexander MacMahon* (*1854, †1929) oder der ungarisch-US-amerikanische Mathematiker *George Polya* (*1887, †1985). Seit dem II. Weltkrieg wird die Kombinatorik vor allem durch US-amerikanische, heute auch zunehmend durch asiatische Beiträge geprägt. Derzeitige Schwerpunkte der Forschung sind Verschlüsselungs- oder Entscheidungsverfahren, Zufallsvorgänge, Netzwerke – Leitmotiv des *Anthropozän* – sowie Eigenschaften großer Zahlen (Gulyás et. al. 2021). Wissenschaftliche Kombinatorik gibt es nun seit gut 750 Jahren. Sie wirkt zumeist im Verborgenen, war aber immer in den jeweils neuesten Technologien zu finden. Ersteres mag sich ändern, Letzteres wird es nicht …

Literatur (Geschichte und Randgebiete der Kombinatorik)

Bauer, F. L. (2000). *Entzifferte Geheimnisse*. Springer.
Berz, P. (2001). *08/15. Ein Standard des 20 Jahrhunderts*. Fink.
Dotzler, B. J. (1996). *Papiermaschinen*. Akademie.
Gulyás, A., et al. (2021). *Paths*. Springer Birkhäuser.
Hirsch, E. C. (2000). *Der berühmte Herr Leibniz*. Beck.
Klotz, S. (2006). *Kombinatorik und die Verbindungskünste der Zeichen in der Musik zwischen 1630 und 1780*. Akademie.
Stephenson, N. (2004). *The confusion. The barock cycle II*. Arrow Books/RandomHouse
Vega, A. et al. (Hrsg.). (2018). *Dia-logos. Ramon Llull's method of thought and artistic practice*. University of Minnesota Press.

Grundlagen und Rechenverfahren

3

Schlüsselwörter

Komplexion, Permutation – Fakultät/Faktorielle – Stirling-Zahlen 1. Art – Zyklische Permutation – Llullsche Drehscheiben

3.1 Anordnung

Komplexion (lat. *complexio,* Verbindung) war einst der Oberbegriff für die nachfolgend beschriebenen Anordnungen und Auswahlen; auch er stammt von *Gottfried Wilhelm Leibniz.* Lehrwerke beginnen üblicher- und sinnvollerweise mit dem Vertauschen; dieses zu verstehen, heißt das Ordnen zu verstehen: Menschengemachte Ordnung ist lediglich ein Sonderfall eines weit umfassenderen Möglichkeitsraums – also eine Abweichung von allgemeiner Un-Ordnung. In verschiedenen Lehrwerken werden verschiedene Formelzeichen verwendet. In diesem Buch sei n eine (Gesamt-)Anzahl, der Umfang einer Menge, und k eine Auswahl daraus, also der Umfang einer Teilmenge; geht es um Verteilungen, ist k die Zahl der Behälter oder Orte, in oder an sich die Teilmengen befinden.

Permutation (lat. *permutare,* vertauschen) heißt die Anordnung in allen möglichen Reihenfolgen; dabei wird nur vertauscht, aber nichts hinzugefügt oder weggelassen:

$$P(n) = n! = 1 \cdot 2 \cdot 3 \cdot \ldots \cdot n \tag{3.1}$$

Dieser Ausdruck heißt Fakultät (lat. *facultas,* Möglichkeit), gelegentlich auch Faktorielle (lat. *factor,* Urheber, Verursacher); sie wurde eingeführt von dem elsässischen Mathematiker *Christian Kramp* (*1760, †1826). Zur Erläuterung dienen hier weiße Kugeln W, graue Kugeln G und schwarze Kugeln S (Abb. 3.1). Nicht selten muss auch die Leere Menge oder Nullmenge Ø berücksichtigt werden. Es ergibt sich die Folge der Fakultäten *(OEIS: A000142):*

© Der/die Autor(en), exklusiv lizenziert an Springer-Verlag GmbH, DE, ein Teil von
Springer Nature 2023
M. Kraus, *Kompaktkurs Kombinatorik,* https://doi.org/10.1007/978-3-662-66973-0_3

Abb. 3.1 Vertauschungen: Permutationen und Stirling-Zahlen 1. Art

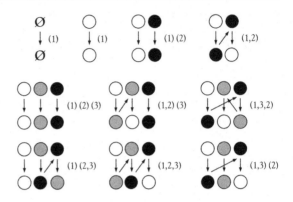

- $\emptyset! = 0! = 1$, weil ($\emptyset$) mangels Inhalt nicht vertauschbar ist.
- $1! = 1$, weil (W) nur als (W) angeordnet werden kann, also ebenfalls nicht vertauschbar ist,
- $2! = 1 \cdot 2 = 2$, weil (W, S) auch als (S, W) angeordnet werden kann und
- $3! = 1 \cdot 2 \cdot 3 = 6$, weil (W, G, S) auch als (W, S, G), (G, W, S), (G, S, W), (S, W, G), (S, G, W) angeordnet werden kann.

Die Rechenweise ergibt sich folgerichtig aus der Aufgabe, n Dinge auf n Stellen zu platzieren: Für die erste Platzierung gibt es n Möglichkeiten, für die nächste nur noch (n – 1), da ein Platz bereits vergeben ist; für die nächste sind es nur noch (n – 2) und so fort, bis alles platziert ist. Werden die Vertauschungen mit der ursprünglichen Reihenfolge verglichen, zeigt sich, dass einiges den Platz gewechselt hat, anderes nicht:

- In der Einermenge (n = 1) kann nichts vertauscht, W (oben) also nur W (unten) zugeordnet werden; dies wird als ein *Fixpunkt* bezeichnet.
- In der Zweiermenge (n = 2) wird entweder nicht oder nur einmal vertauscht. Im ersten Fall kann W (oben) nur W (unten) und S (oben) nur S (unten) zugeordnet werden; es gibt also zwei *Fixpunkte*. Im zweiten Fall muss W (oben) zunächst S (unten) und dies dann S (schräg oben) zugeordnet werden, um schließlich zu W (unten) zu gelangen. Dies wird als *Zyklus* bezeichnet.
- Aus einer Dreiermenge (n = 3) lassen sich bereits Vertauschungen mit mehreren *Zyklen* und *Fixpunkten* erzeugen.

Die Anzahl k der Zyklen einer Permutation von n Dingen ist die Stirling-Zahl 1. Art s(n,k) – benannt nach dem erwähnten *James Stirling*. Die Summe aller Stirling-Zahlen 1. Art einer Menge entspricht der Fakultät des Umfangs dieser Menge (Tab. 3.1):

$$n! = \sum_{k=1}^{n} s(n, k)$$

Tab. 3.1 Permutationen und Stirling-Zahlen 1. Art (n Umfang der Menge, k Zahl der Zyklen)

	k = 0	k = 1	k = 2	k = 3	k = 4	k = 5	Summe
n = 0	1						0! = 1
n = 1		1					1! = 1
n = 2		1	1				2! = 2
n = 3		2	3	1			3! = 6
n = 4		6	11	6	1		4! = 24
n = 5		24	50	35	10	1	5! = 120

Sind Wiederholungen in einer Menge zu berücksichtigen, enthält sie also mehrere gleichartige Dinge der jeweiligen Anzahl k, ergibt sich eine weitere Beziehung. Aus den Vertauschungen ist nämlich das mehrfach Vorhandene herauszurechnen (Abb. 3.2). Die Aufspaltung von Mengen in Teilmengen nach $n = k_1 + \ldots + k_n$ wird noch näher behandelt.

$$P(n, k) = \frac{n!}{k_1! \cdot k_2! \cdot \ldots \cdot k_n!} \tag{3.2}$$

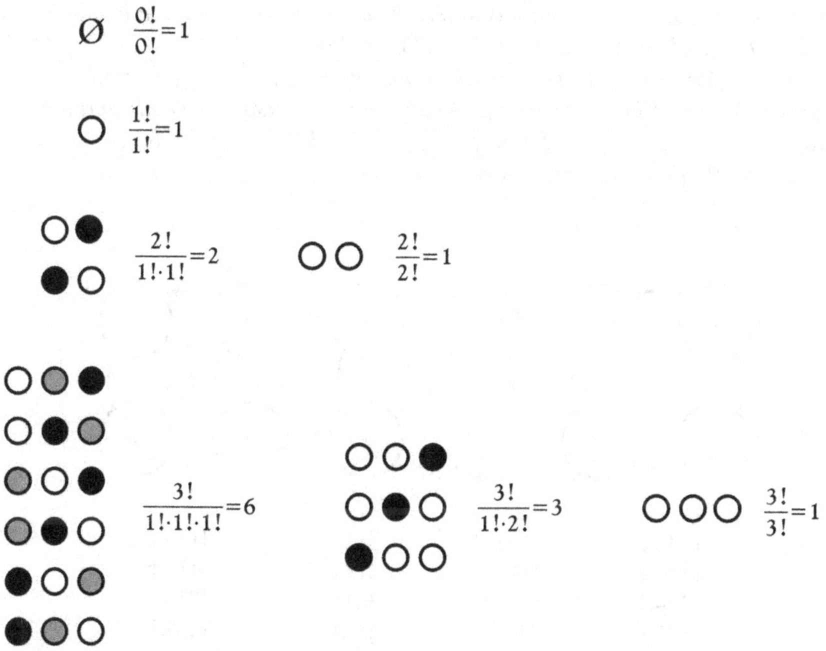

Abb. 3.2 Vertauschungen mit Wiederholungen

Wer sich übrigens an Permutationen des Worts „Permutation" versucht, erhält Eigenwilliges wie „Ratten-Opium", „Traum-Pointe" oder „Piano-Mutter", vielleicht gar „Toter in Puma", „Poet mit Uran" oder „Opa, turne mit!" Im Englischen sind „ruin top-team", „patriot menu" oder „mine-trap out" im Angebot. Weitere *Anagramme* werden in Abschn. 4.1 behandelt!

Ein Sonderfall der Vertauschungen sind ringförmige Anordnungen ohne Anfang und Ende; nur die Reihenfolge ist wesentlich *(Zyklische Permutation)*. So sind die $4! = 1 \cdot 2 \cdot 3 \cdot 4 = 24$ Vertauschungen einer Vierermenge mit nur drei dreh- und spiegelbaren Vierer-Ringen darstellbar (Abb. 3.3); a, b, c sind im Uhrzeigersinn zu lesen, a', b', c' entgegengesetzt.

Ein weiterer Sonderfall sind die Llullschen Drehscheiben (Abb. 3.4); hier werden sämtliche Begriffe aller Scheiben, also n_k Dinge aus k Mengen gemäß der Vorschrift „jedes mit jedem" nach $N(n) = n_1 \cdot n_2 \cdot \ldots \cdot n_k$ zusammengebracht.

Beispiele
Die Systemgastronomie ermöglicht seit dem II. Weltkrieg eine massenhafte Bewirtung; es entstanden weltweit tätige Konzerne. So ergeben sich beispielsweise aus vier Getränken, drei Vorspeisen, fünf Hauptgerichten und drei Nachspeisen mit überschaubarem Aufwand $4 \cdot 3 \cdot 5 \cdot 3 = 180$ Menüs. Doch das ist keine westliche Besonderheit: Viele asiatische Speisenfolgen bestehen seit Jahrhunderten aus unterschiedlichen Gerichten, die in kleinen Mengen nach Belieben zusammengestellt werden.

Phantombilder entstehen aus Einzelstreifen für Stirn/Haaransatz, Augen, Nase, Mund, Kinn/Halsansatz (Deutschland: Personen-Identifizierungs-Kartei). Gibt es jeweils 50 Bilder zur Auswahl, könnten daraus $50^5 = 312.500.000$ Fahndungsbilder erzeugt werden.

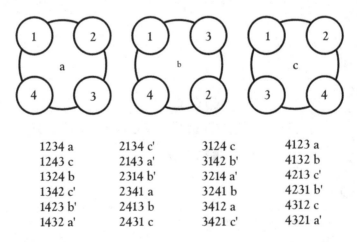

1234 a	2134 c'	3124 c	4123 a
1243 c	2143 a'	3142 b'	4132 b
1324 b	2314 b'	3214 a'	4213 c'
1342 c'	2341 a	3241 b	4231 b'
1423 b'	2413 b	3412 a	4312 c
1432 a'	2431 c	3421 c'	4321 a'

Abb. 3.3 Zyklische Permutation

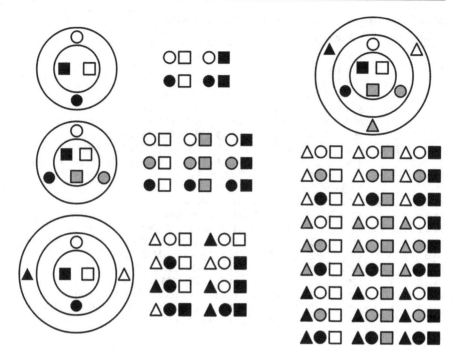

Abb. 3.4 Drehscheiben nach Ramon Llull

Die Folge der *Fakultäten/Faktoriellen* wächst stark (Tab. 3.2); das ist nicht selten in der Kombinatorik und wird in englischsprachigen Veröffentlichungen auch Combinatorial Explosion genannt. Große Zahlen sind schon deshalb schwer zu ermitteln, weil sie den Stellenumfang üblicher Taschenrechner überfordern. Abhilfe gelingt durch Zerlegung in Primfaktoren: Große Zahlen als *Potenzen* darzustellen schützt nicht nur vor leichtsinnigen Näherungen, sondern ermöglicht vergleichsweise schnelles *Multiplizieren* und *Dividieren;* selbst das Wurzelziehen *(Radizieren)* gelingt gut. Mitunter ist es nötig, Fakultäten durch *Logarithmieren* in das *Binär-/Dualsystem* zu überführen; aus $2^x = n!$ folgt:

$$x = \log_2 n! = \log_2 (1 \cdot 2 \cdot 3 \cdot 4 \cdot 5 \cdot \ldots \cdot n)$$

$$x = \log_2 1 + \log_2 2 + \log_2 3 + \log_2 4 + \log_2 5 + \ldots + \log_2 n$$

$$x = 0 + 1 + \log_2 n + \log_2 3 + 2 + \log_2 5 + \ldots + \log_2 n$$

Fakultäten/Faktorielle ermöglichen es ferner, sich durch Reihenentwicklungen an Zahlenwerte (*Dimensionalität* D_0), Grenzen (D_1) oder Zusammenhänge (D_2, D_3, ...) anzunähern. Mit jedem Term wächst die Genauigkeit. Oft erscheint die *Eulersche Zahl e = 2,718.282...*, wichtig zum Beschreiben von Wachstums- und Schrumpfungsvorgängen.

Tab. 3.2 Primfaktoren und Fakultäten der Zahlen von 1 bis 20

Primfaktoren	Fakultäten
1	$1! = 1$
2	$2! = 1 \cdot 2 = 2$
3	$3! = 1 \cdot 2 \cdot 3 = 2 \cdot 3 = 6$
$4 = 2 \cdot 2$	$4! = 1 \cdot 2 \cdot 3 \cdot 4 = 2 \cdot 2 \cdot 2 \cdot 3 = 2^3 \cdot 3 = 24$
5	$5! = 1 \cdot 2 \cdot 3 \cdot 4 \cdot 5 = 2 \cdot 2 \cdot 2 \cdot 3 \cdot 5 = 2^3 \cdot 3 \cdot 5 = 120$
$6 = 2 \cdot 3$	$6! = \ldots = 2 \cdot 2 \cdot 2 \cdot 2 \cdot 3 \cdot 3 \cdot 5 = 2^4 \cdot 3^2 \cdot 5 = 720$
7	$7! = \ldots = 2 \cdot 2 \cdot 2 \cdot 2 \cdot 3 \cdot 3 \cdot 5 \cdot 7 = 2^4 \cdot 3^2 \cdot 5 \cdot 7 = 5.040$
$8 = 2 \cdot 2 \cdot 2$	$8! = \ldots = 2 \cdot 2 \cdot 2 \cdot 2 \cdot 2 \cdot 2 \cdot 2 \cdot 3 \cdot 3 \cdot 5 \cdot 7 = 2^7 \cdot 3^2 \cdot 5 \cdot 7 = 40.320$
$9 = 3 \cdot 3$	$9! = \ldots = 2 \cdot 2 \cdot 2 \cdot 2 \cdot 2 \cdot 2 \cdot 2 \cdot 3 \cdot 3 \cdot 3 \cdot 3 \cdot 5 \cdot 7 = 2^7 \cdot 3^4 \cdot 5 \cdot 7 = 362.880$
$10 = 2 \cdot 5$	$10! = \ldots = 2 \cdot 2 \cdot 2 \cdot 2 \cdot 2 \cdot 2 \cdot 2 \cdot 2 \cdot 3 \cdot 3 \cdot 3 \cdot 3 \cdot 5 \cdot 5 \cdot 7 = 2^8 \cdot 3^4 \cdot 5^2 \cdot$
11	$7 = 3.628.800$
$12 = 2 \cdot 2 \cdot 3$	$11! = \ldots = 2^8 \cdot 3^4 \cdot 5^2 \cdot 7 \cdot 11 = 39.916.800$
13	$12! = \ldots = 2^{10} \cdot 3^5 \cdot 5^2 \cdot 7 \cdot 11 = 479.001.600$
$14 = 2 \cdot 7$	$13! = \ldots = 2^{10} \cdot 3^5 \cdot 5^2 \cdot 7 \cdot 11 \cdot 13 = 6.227.020.800$
$15 = 3 \cdot 5$	$14! = \ldots = 2^{11} \cdot 3^5 \cdot 5^2 \cdot 7^2 \cdot 11 \cdot 13 = 87.178.291.200$
$16 = 2 \cdot 2 \cdot 2 \cdot 2$	$15! = \ldots = 2^{11} \cdot 3^6 \cdot 5^3 \cdot 7^2 \cdot 11 \cdot 13 = 1.307.674.368.000$
17	$16! = \ldots = 2^{15} \cdot 3^6 \cdot 5^3 \cdot 7^2 \cdot 11 \cdot 13 = 20.922.789.888.000$
$18 = 2 \cdot 3 \cdot 3$	$17! = \ldots = 2^{15} \cdot 3^6 \cdot 5^3 \cdot 7^2 \cdot 11 \cdot 13 \cdot 17 = 355.687.428.096.000$
19	$18! = \ldots = 2^{16} \cdot 3^8 \cdot 5^3 \cdot 7^2 \cdot 11 \cdot 13 \cdot 17 = 6.402.373.705.728.000$
$20 = 2 \cdot 2 \cdot 5$	$19! = \ldots = 2^{16} \cdot 3^8 \cdot 5^3 \cdot 7^2 \cdot 11 \cdot 13 \cdot 17 \cdot 19 = 121.645.100.408.832.000$
	$20! = \ldots = 2^{18} \cdot 3^8 \cdot 5^4 \cdot 7^2 \cdot 11 \cdot 13 \cdot 17 \cdot 19 = 2.432.902.008.176.640.000$

Beispiele

$$\frac{10!}{5!} = \frac{2^8 \cdot 3^4 \cdot 5^2 \cdot 7}{2^3 \cdot 3 \cdot 5} = 2^5 \cdot 3^3 \cdot 5 \cdot 7 = 30.240$$

$$\sqrt{10!} = \sqrt{2^8 \cdot 3^4 \cdot 5^2 \cdot 7} = 720 \cdot \sqrt{7}$$

$$\log_2 10! = \log_2 \left(2^8 \cdot 3^4 \cdot 5^2 \cdot 7 \right) = \log_2 2^8 + log_2 3^4 + \log_2 5^2 + \log_2 7$$
$$= 8 + 4 \cdot \log_2 3 + 2 \cdot \log_2 5 + \log_2 7$$

(Die Größenordnung bestimmt hier das Runden: $\log_2 10! \approx 21{,}791$ ist sinnvoll, denn $2^{21,791} = 3.628.650$ trifft den tatsächlichen Wert recht gut; $2^{22} = 4.194.300$ wäre zu grob.)

$$e = \sum_{n=0}^{\infty} \frac{1}{n!} = \frac{1}{0!} + \frac{1}{1!} + \frac{1}{2!} + \frac{1}{3!} + \frac{1}{4!} + \ldots = 1 + 1 + \frac{1}{2} + \frac{1}{6} + \frac{1}{24} + \ldots$$

3.2 Auswahl

Schlüsselwörter

Kombination – Variation – Binomialkoeffizient – Pascalsches Dreieck

Kombination heißt die nicht-geordnete Auswahl von k Dingen aus einer Menge von n Dingen; die Anordnung innerhalb der entstehenden Teilmengen ist also nicht wesentlich. Aus einer beliebigen Menge lassen sich nur ganz bestimmte Teilmengen auswählen (Abb. 3.5); am Beispiel der nun schon vertrauten weißen, grauen und schwarzen Kugeln ergibt sich die Folge der *Binärpotenzen (OEIS: A000079)*:

- Aus der Leeren Menge (∅) ist nur diese auswählbar; das ist $2^0 = 1$ Möglichkeit.
- Aus der Einermenge sind das Eine sowie (∅) auswählbar; das sind $2^1 = 2$ Möglichkeiten.
- Aus einer Zweiermenge (W, S) sind diese selbst, (W), (S) und (∅) auswählbar; das sind $2^2 = 4$ Möglichkeiten.
- Aus einer Dreiermenge (W, G, S) sind diese selbst, (W, G), (W, S), (G, S), (W), (G), (S) und (∅) auswählbar; das sind $2^3 = 8$ Möglichkeiten.

Zur Berechnung von Auswahlen dient eine neue Beziehung:

$$C(n,k) = \binom{n}{k} = \frac{n!}{k! \cdot (n-k)!} \tag{3.3}$$

Der Klammerausdruck „n über k" ist ein Binomialkoeffizient. Das Rechnen erfordert etwas Übung: Werden die *Fakultäten/Faktoriellen* des Bruchs ausführlich geschrieben, zeigt sich, dass k! in Gestalt seiner Faktoren im Zähler und Nenner erscheint und gekürzt werden kann:

$$\binom{n}{k} = \frac{1 \cdot 2 \cdot \ldots \cdot (n-1) \cdot n}{1 \cdot 2 \cdot \ldots \cdot (k-1) \cdot k \cdot 1 \cdot 2 \cdot \ldots \cdot (n-k-1) \cdot (n-k)}$$

$$\binom{n}{k} = \frac{1 \cdot 2 \cdot \ldots \cdot (k-1) \cdot k}{1 \cdot 2 \cdot \ldots \cdot (k-1) \cdot k} \cdot \frac{(k+1) \cdot (k+2) \cdot \ldots \cdot (n-1) \cdot n}{1 \cdot 2 \cdot \ldots \cdot (n-k-1) \cdot (n-k)}$$

Abb. 3.5 Teilmengen einer gegebenen Menge (n = 0, 1, 2, 3)

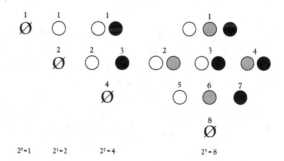

$$\binom{n}{k} = \frac{n \cdot (n - 1) \cdot \ldots \cdot (k + 2) \cdot (k + 1)}{1 \cdot 2 \cdot \ldots \cdot (n - k - 1) \cdot (n - k)}$$

Das erscheint noch schwerfällig. Doch zeigt sich hier eine *Symmetrie* und *Komplementarität,* die am Pascalschen Dreieck anschaulich wird: Aus $n = k + (n - k)$ mit $0 \leq k \leq n$ folgt $C(n,k) = C(n,n–k)$; dies lässt sich mit der gerade eingeführten Beziehung bestätigen:

$$\binom{n}{n - k} = \frac{n!}{(n - k)! \cdot (n - (n - k))!} = \frac{n!}{(n - k)! \cdot k!} = \binom{n}{k}$$

Daraus wiederum folgt für den ersten und letzten Binomialkoeffizienten einer natürlichen Zahl $C(n,0) = C(n,n) = 1$. Es gibt also jeweils genau eine Möglichkeit, aus einer Menge sowohl eine Leere Menge oder die Menge selbst auszuwählen. Für den zweiten und den vorletzten Binomialkoeffizenten folgt entsprechend $C(n,1) = C(n,n−1) = n$. Es gibt somit jeweils genau n Möglichkeiten, aus einer Menge nur ein Ding zu wählen und den Rest übrig zu lassen, oder eben alle Dinge bis auf eines zu wählen.

Damit kann der Binomialkoeffizient „beidseitig" berechnet werden: In Lehrwerken erscheint zumeist die folgende Beziehung, die im Zähler und Nenner jeweils ein *Produkt* gleich vieler *Faktoren* enthält. Maßgeblich ist die Anzahl im Nenner; der Zähler enthält die Faktoren fallend, der Nenner steigend (dass sie mit obiger Fassung gleichwertig ist, ergibt sich nach den Regeln der Bruchrechnung durch eine Probe „über Kreuz"):

$$\binom{n}{k} = \frac{n \cdot (n - 1) \cdot \ldots \cdot (n - k + 2) \cdot (n - k + 1)}{1 \cdot 2 \cdot \ldots \cdot (k - 1) \cdot k}$$

Beispiel
In der bekannten Lotterie „6 aus 49" kann eine Ziehung zu

$$C(49,6) = \binom{49}{6} = \frac{49 \cdot 48 \cdot 47 \cdot 46 \cdot 45 \cdot 44}{1 \cdot 2 \cdot 3 \cdot 4 \cdot 5 \cdot 6} = 13.983.816$$

Ergebnissen führen; die Wahrscheinlichkeit für einen Sechser beträgt etwa 0,000.007 %

Die *Vandermonde- Identität,* benannt nach dem französischen Mathematiker *Alexandre Vandermonde* (*1735, †1796), doch schon deutlich länger in China bekannt, ermöglicht das Auswählen aus zwei Grundmengen ($i = 0$ bewirkt Auswahl nur aus m, $i = k$ nur aus n):

$$\binom{m + n}{k} = \sum_{i=0}^{k} \binom{m}{k - i} \cdot \binom{n}{i} = \binom{m}{k} \cdot \binom{n}{0} + \ldots + \binom{m}{0} \cdot \binom{n}{k} \quad (3.4)$$

Nützlich ist ferner eine Vereinfachung für die Auswahl von Paaren:

$$C(n,2) = \frac{1}{2} \cdot (n^2 - n) \tag{3.5}$$

$C(2,2) = 1$; $C(3,2) = 3$; $C(4,2) = 6$; $C(5,2) = 10$; $C(6,2) = 15$; ... ist die seit der Antike bekannte Folge der Dreieckszahlen, die noch mehrfach erwähnt wird *(OEIS: A000217).*

> **Beispiele**
> *Übungsaufgaben fragen gelegentlich danach, wie oft sich die Leute in einer Gruppe bei der Begrüßung die Hände schütteln oder wie oft sie dann die Gläser klingen lassen. Es ist immer der gleiche Ansatz, auch bei der Frage nach möglichen Zweierbeziehungen in einer Gruppe oder der Zahl von Diagonalen in Vier- und Mehrecken.*

Nicht nur bei der Anordnung von Mengen, auch bei der Auswahl aus Mengen ist zu unterscheiden, ob die Dinge gleich/ähnlich, also nicht-unterscheidbar, oder unterscheidbar sind. In diesem Zusammenhang muss noch die kommentarlos eingeführte Beziehung für Vertauschungen mit Wiederholungen hergeleitet werden (Gl. 3.2). Auch hier geht es um Auswahlen von Teilmengen (Gl. 3.3); für zwei und drei solcher Teilmengen gilt:

$$\binom{n}{k_1} = \frac{n!}{k_1! \cdot (n - k_1)!} = \binom{n}{k_2} = \frac{n!}{k_2! \cdot (n - k_2)!} = \frac{n!}{k_1! \cdot k_2!} \tag{3.6}$$

$$\binom{n}{k_1} \cdot \binom{n - k_1}{k_2} = \frac{n!}{k_1! \cdot (n - k_1)!} \cdot \frac{(n - k_1)!}{k_2! \cdot (n - (k_1 + k_2))!} = \frac{n!}{k_1! \cdot k_2! \cdot k_3!} \tag{3.7}$$

Im letzteren Fall gilt wegen $n = k_1 + k_2 + k_3$ übrigens $C(n,k_1) = C(n,k_2 + k_3)$, $C(n,k_2) = C(n,k_1 + k_3)$, $C(n,k_3) = C(n,k_1 + k_2)$; Herleitungen für noch mehr Teilmengen gelingen entsprechend.

Zusammenhänge sind in der Kombinatorik oft an Mustern erkennbar; die Auswahl mit Wiederholungen ist eine solche Gelegenheit. Wird aus einer Menge wiederholt ausgewählt, das Ausgewählte nur vermerkt und wieder zurückgelegt, oder ist die Menge groß genug für mehrere Auswahlen, sind Fälle zu unterscheiden (Tab. 3.3):

- Kann nur aus Gleichartigem (einfarbig) ausgewählt werden ($n = 1$), gibt es immer nur ein Ergebnis ($k = 0, 1, 2, ...$); es entsteht eine Folge von Einsen (OEIS: *A000012*).
- Kann aus Zweierlei (zweifarbig) ausgewählt werden, entsteht die Folge der natürlichen Zahlen *(OEIS: A000027).*
- Kann aus Dreierlei (dreifarbig) ausgewählt werden, entsteht die Folge der Dreieckszahlen *(OEIS: A000217).*

Tab. 3.3 Auswahl mit Wiederholungen

	Menge enthält nur W	Menge enthält W, S	Menge enthält W, G, S
k = 0	(Ø) 1 Möglichkeit	(Ø) 1 Möglichkeit	(Ø) 1 Möglichkeit
k = 1	(W) 1 Möglichkeit	(W), (S) 2 Möglichkeiten	(W), (G), (S) 3 Möglichkeiten
k = 2	(W, W) 1 Möglichkeit	(W, W), (W, S), (S, S) 3 Möglichkeiten	(W, W), (G, G), (S, S), (W, G), (W, S), (G, S) 6 Möglichkeiten
k = 3	(W, W, W) 1 Möglichkeit	(W, W, W), (W, W, S), (W, S, S), (S, S, S) 4 Möglichkeiten	(W, W, W), (G, G, G), (S, S, S), (W, W, S), (W, W, G), (W, G, G), (W, G, S), (W, S, S), (G, S, S), (W, G, S) 10 Möglichkeiten
k = 4	(W, W, W, W) 1 Möglichkeit	(W, W, W, W), (W, W, W, S), (W, W, S, S), (W, S, S, S), (S, S, S, S) 5 Möglichkeiten	(W, W, W, W), (G, G, G, G), (S, S, S, S), (W, W, W, G), (W, W, W, S), (G, G, G, W), (G, G, G, S), (W, S, S, S), (G, S, S, S), (W, W, G, G), (W, W, S, S), (G, G, S, S), (W, G, S, S), (W, G, G, S), (W, W, G, S) 15 Möglichkeiten

Das Aufsummieren von Einsen ergibt die Folge der natürlichen Zahlen, deren Aufsummieren die der Dreieckszahlen; als Nächstes (vierfarbig) ergäbe sich die Folge der Pyramidenzahlen *(OEIS: A000292)*. Aus diesen sich aufeinander beziehenden Folgen lässt sich eine Bildungsvorschrift herleiten; die Zahl der Teilmengen bestimmt den Grad der Gleichung. So erscheint die Beziehung für nicht-geordnete Auswahlen mit Wiederholungen:

$$C(1, k) = \frac{1}{0!} = \binom{1 + k - 1}{k}$$

$$C(2, k) = \frac{k + 1}{1!} = \binom{2 + k - 1}{k}$$

$$C(3, k) = \frac{(k + 1) \cdot (k + 2)}{2!} = \binom{3 + k - 1}{k}$$

$$C(4, k) = \frac{(k + 1) \cdot (k + 2) \cdot (k + 3)}{3!} = \binom{4 + k - 1}{k}$$

$$\ldots \qquad C(n, k) = \frac{\prod_{i=1}^{n-1} (k + i)}{(n - 1)!} = \binom{n + k - 1}{k} \tag{3.8}$$

Variation (lat. *variatio*, Veränderung) heißt demgegenüber die geordnete Auswahl; hier werden die Anordnungen innerhalb der ausgewählten Teilmengen unterschieden. Dazu werden die Vertauschungen in eine bereits bekannte Beziehung eingeführt (Gl. 3.3):

$$V(n, k) = k! \cdot \binom{n}{k} = \frac{n!}{(n-k)!} \tag{3.9}$$

Ein wichtiger Zusammenhang wurde bereits im 17. Jahrhundert von einem spanischen und einem schweizerischen Mathematiker, *Juan Caramuel y Lobkowitz* (*1606, †1682) und *Jacob Bernoulli* (*1655, †1705), untersucht: Die Zahl sämtlicher geordneter Auswahlen aus einer Menge ohne Wiederholungen ergibt sich aus einer Summenfolge *(OEIS: A000522):*

$$V(0) = 0! \cdot C(0,0) = 1$$

$$V(1) = 0! \cdot C(1,0) + 1! \cdot C(1,1) = 1 + 1 = 2$$

$$V(2) = 0! \cdot C(2,0) + 1! \cdot C(2,1) + 2! \cdot C(2,2) = 1 + 2 + 2 = 5$$

$$V(3) = 0! \cdot C(3,0) + 1! \cdot C(3,1) + 2! \cdot C(3,2) + 3! \cdot C(3,3) = 1 + 3 + 6 + 6 = 16$$

...

$$V(n) = \sum_{k=0}^{n} k! \cdot \binom{n}{k} = \sum_{k=0}^{n} \frac{n!}{(n-k)!} \tag{3.10}$$

Geordnete Auswahlen mit Wiederholungen (oder „mit Zurücklegen") wiederum beruhen darauf, dass der Möglichkeitsraum für jede von beliebig vielen Auswahlen gleich bleibt:

$$V(n, k) = n^k \tag{3.11}$$

Beispiele
Sowohl die verbreiteten Vierfach-Zahlenschlösser als auch die in den Magnetstreifen von Geldkarten gespeicherten Personal Identification Numbers PIN ermöglichen mit jeweils 10 Belegungen von 0 bis 9 insgesamt $10^4 = 10.000$ Zeichenketten.

Die nächste Gesetzmäßigkeit betrifft alle möglichen geordneten Auswahlen mit Wiederholungen aus einer Menge – nach einer neuen Summenfolge *(OEIS: A031973):*

$$V(0) = 0^0 = 1$$

$$V(1) = 1^0 + 1^1 = 1 + 1 = 2$$

$$V(2) = 2^2 + 2^1 + 2^0 = 4 + 2 + 1 = 7$$

$$V(3) = 3^3 + 3^2 + 3^1 + 3^0 = 27 + 9 + 3 + 1 = 40$$

...

$$V(n) = \sum_{k=0}^{n} n^k \qquad (3.12)$$

Diese allumfassende Beziehung liefert die Anzahl sämtlicher Anordnungen und Auswahlen unter Berücksichtigung jeweils möglicher Reihenfolgen und Wiederholungen; alle bisher beschriebenen *Komplexionen* sind davon Teilmengen. Die Folge führt dementsprechend zu einer *Combinatorial Explosion* (1, 2, 7, 40, 341, 3.906, 55.987, 960.800, 19.173.961, 435.848.050, 11.111.111.111, …). Damit sind erste wichtige Grundlagen vermittelt; die Zusammenhänge erscheinen hier (für n = 3) noch einmal (Abb. 3.6).

Das nach *Blaise Pascal* benannte Pascalsche Dreieck war arabischen und chinesischen Gelehrten schon vor über 1000 Jahren bekannt. Es zeigt Zusammenhänge im Bereich der natürlichen Zahlen, nicht zuletzt wichtige Zahlenfolgen in seinen „Schrägen", und dient als Hilfsmittel für verschiedenste Berechnungen (Stichwort *Binomische Formeln*). Das Dreieck kann mit *Binomialkoeffizienten* aufgebaut werden (Abb. 3.7). Jede Zahl außer den Einsen an Anfang und Ende ergibt sich durch Summieren der beiden Werte schräg links und schräg rechts darüber:

$$\binom{n}{k} = \binom{n-1}{k-1} + \binom{n-1}{k}$$

$$\binom{n}{k} = \frac{(n-1)!}{(k-1)! \cdot (n-1-(k-1))!} + \frac{(n-1)!}{k! \cdot (n-1-k)!}$$

$$\binom{n}{k} = \frac{(n-1)!}{(k-1)! \cdot (n-k)!} \cdot \frac{k}{k} + \frac{(n-1)!}{k! \cdot (n-k-1)!}$$

$$\binom{n}{k} = \frac{(n-1)!}{k!} \cdot \left(\frac{k}{(n-k)!} + \frac{n-k}{(n-k-1)! \cdot (n-k)} \right)$$

$$\binom{n}{k} = \frac{n!}{k! \cdot (n-k)!}$$

Dies lässt durch eine zweite Herleitung bestätigen:

$$\binom{n+1}{k+1} = \binom{n}{k} + \binom{n}{k+1}$$

$$\binom{n+1}{k+1} = \frac{n!}{k! \cdot (n-k)!} + \frac{n!}{(k+1)! \cdot (n-k-1)!}$$

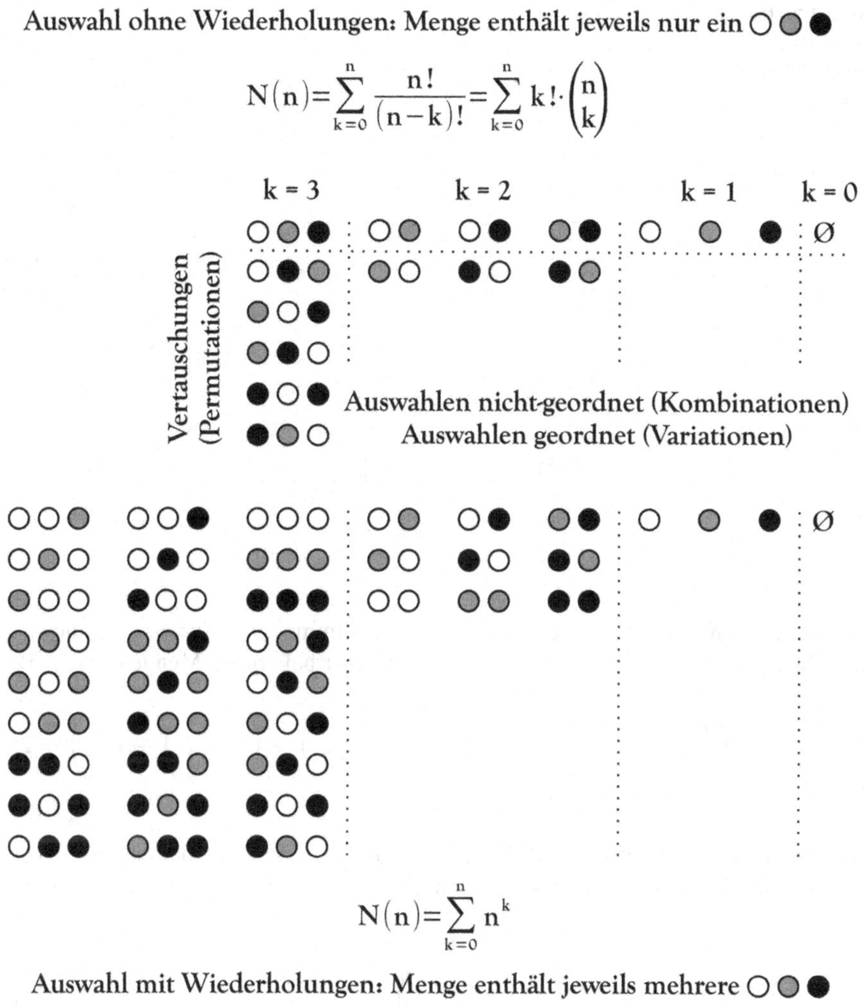

Auswahl ohne Wiederholungen: Menge enthält jeweils nur ein ○ ◐ ●

$$N(n) = \sum_{k=0}^{n} \frac{n!}{(n-k)!} = \sum_{k=0}^{n} k! \cdot \binom{n}{k}$$

Abb. 3.6 Permutation, Kombination, Variation im Zusammenhang

$$\binom{n+1}{k+1} = \frac{n!}{k! \cdot (n-k)!} \cdot \frac{k+1}{k+1} + \frac{n!}{(k+1)! \cdot (n-k-1)!} \cdot \frac{n-k}{n-k}$$

$$\binom{n+1}{k+1} = \frac{n!}{(k+1)! \cdot (n-k)!} \cdot (n+1)$$

$$\binom{n+1}{k+1} = \frac{(n+1)!}{(k+1)! \cdot (n-k)!}$$

Abb. 3.7 Pascalsches
Dreieck und
Binomialkoeffizienten

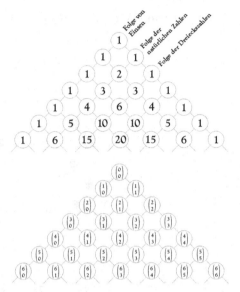

Im Pascalschen Dreieck ergibt ferner jede Zeilensumme eine *Binärpotenz;* dies ist
wie oben erwähnt die Summe aller Teilmengen einer beliebigen Menge (Abb. 3.5):

$$\sum_{k=0}^{n} \binom{n}{k} = \binom{n}{0} + \binom{n}{1} + \binom{n}{2} + \ldots + \binom{n}{n-2} + \binom{n}{n-1} + \binom{n}{n} = 2^n$$

$$(3.13)$$

Die erwähnten *Symmetrien* und *Komplementaritäten* sind mit dem Dreieck vor
Augen nachvollziehbar. Daraus ergeben sich beispielsweise diese Zusammenhänge:

$$\sum_{i=0}^{k} \binom{n}{i} = \binom{n}{0} + \binom{n+1}{1} + \binom{n+2}{2} + \ldots + \binom{n+k}{k} = \binom{n+k+1}{k}$$

$$\sum_{i=0}^{n-k} \binom{k+i}{k} = \binom{k}{k} + \binom{k+1}{k} + \binom{k+2}{k} + \ldots + \binom{n}{k} = \binom{n+1}{k+1}$$

$$\binom{n}{0}^2 + \binom{n}{1}^2 + \ldots + \binom{n}{n-1}^2 + \binom{n}{n}^2 = \binom{2 \cdot n}{n}$$

3.3 Verteilung

Schlüsselwörter

Stirling-Zahlen 2. Art – Partition – Distribution – Herleiten von Bildungsvorschriften

Verteilen heißt, Teilmengen einer gegebenen Menge zu bilden. Im Alltag wird oft verteilt (Arbeitskräfte oder Arbeitsaufgaben, Geld oder Geschenke, Essen oder Schlafplätze, ...) Üblicherweise geschieht dies nach bestimmten Regeln oder einvernehmlicher Einigung; hilfsweise soll es „gerecht" zugehen. Welche Lösung dann auch immer gefunden wird: Sie ist nur eine von mitunter sehr vielen Möglichkeiten.

Partition (lat. *pars,* Teil) heißt die nicht-geordnete, summarische Zerlegung natürlicher Zahlen (Tab. 3.4). Sie ergänzt *(Addition!)* die Zerlegung in *Primfaktoren (Multiplikation!).*

$p(1) = 1$, da Eins nicht zerlegbar ist, es also nur eine Art der Darstellung gibt.

$p(2) = 2$, weil es mit $2 = 1 + 1$ zwei Möglichkeiten der Darstellung gibt.

$p(3) = 3$, denn $3 = 2 + 1 = 1 + 1 + 1$.

$p(4) = 5$, denn $4 = 3 + 1 = 2 + 2 = 2 + 1 + 1 = 1 + 1 + 1 + 1$.

$p(5) = 7$, denn $5 = 4 + 1 = 3 + 2 = 3 + 1 + 1 = 2 + 2 + 1 = 2 + 1 + 1 + 1 = 1 + 1 + 1 + 1 + 1$.

Höhere Werte dieser Folge sind eher mühselig zu bestimmen *(OEIS: A000041).* Die zugehörige Darstellung zeigt ein Young-Diagramm, benannt nach dem britischen Geistlichen und Gelehrten *Alfred Young* (*1873, †1940), der wie sein Zeitgenosse und Landsmann *Percy Alexander MacMahon* einst die Kombinatorik erheblich bereicherte (Abb. 3.8). Auf diese Art werden etwa Ordnungsbeziehungen zwischen verschiedenen, aber gleichwertigen Dingen oder Zuständen veranschaulicht. Die Regeln sind leicht nachvollziehbar:

Tab. 3.4 Partitionen der Zahlen von 1 bis 10.

Zahl	1	2	3	4	5	6	7	8	9	10	Summe
1	1										**1**
2	1	1									**2**
3	1	1	1								**3**
4	1	2	1	1							**5**
5	1	2	2	1	1						**7**
6	1	3	3	2	1	1					**11**
7	1	3	4	3	2	1	1				**15**
8	1	4	5	5	3	2	1	1			**22**
9	1	4	7	6	5	3	2	1	1		**30**
10	1	5	8	9	7	5	3	2	1	1	**42**

Abb. 3.8 D_2- und D_3-
Partition ($n = 1, 2, 3$)

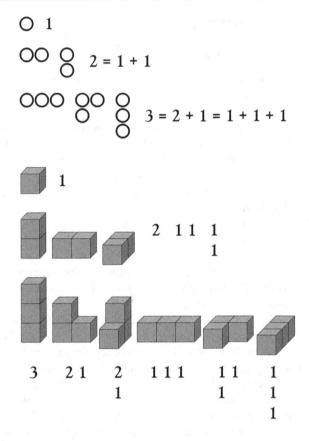

- Was sich links oben befindet, bleibt dort; alles andere wird nacheinander von rechts oben nach links unten umverteilt.
- Die Zeilen müssen von oben nach unten kürzer werden, mindestens gleich lang bleiben.
- Die Spalten müssen von links nach rechts kürzer werden, mindestens gleich bleiben.

Zerlegungen oder sonstige Summierungen sind Reihungen, sie erstrecken sich nur in einer Richtung *(Dimensionalität D_1 – Linearität)*. Sollen mehr Bedeutungen und Zusammenhänge gezeigt werden, ist es möglich, die Summanden nach den Regeln des *Young-Diagramms* anzuordnen *(plane partition)*. Die Zerlegung erstreckt sich nun in zwei Richtungen *(D_2)*; es ergibt sich mit $pp(1) = 1$; $pp(2) = 3$; $pp(3) = 6$; $pp(4) = 13$; $pp(5) = 24$; ... eine neue Folge von Anordnungen *(OEIS: A000219)*. Wird für Eins ein Einheitswürfel gesetzt und für jede größere Zahl ein Stapel von solchen, gelingt sogar räumliche Zerlegung (D_3).

Es gibt einige besondere Summierungen. Wie beschrieben entstehen die Dreieckszahlen durch Summieren der natürlichen Zahlen; bei den Quadratzahlen sind es die ungeraden natürlichen Zahlen (Abb. 3.9). $17 = 2^3 + 3^2 = 2 + 3 + 5 + 7$ galt einst als besonders, da sie nicht nur Summe zweier „gekreuzter" *Binär-/Ternär-Potenzen* ist, sondern auch der ersten vier Primzahlen. $28 = 2 + 3 + 5 + 7 + 11 = 1 + 2 + 4 + 7 + 14 = 1 + 2 + 3 + 4 + 5 + 6 + 7$ ist sogar Summe der ersten fünf Primzahlen, Summe ihrer Teiler (eine „vollkommene" Zahl) und Dreieckszahl. Griechische Gelehrte der Antike kannten bereits die ersten vier vollkommenen Zahlen. Außer der 28 sind dies $6 = 1 + 2 + 3$ (ebenfalls eine Dreieckszahl), $496 = 1 + 2 + 4 + 8 + 16 + 31 + 62 + 124 + 248$ sowie $8.128 = 1 + 2 + 4 + 8 + 16 + 32 + 64 + 127 + 254 + 508 + 1016 + 2032 + 4064$; alle weiteren sind erheblich größer.

Wird eine geordnete Partition benötigt, sind die Vertauschungen der obigen Summanden erforderlich. Das lässt bei den Zerlegungen eine bekannte Folge erscheinen:

$p'(1) = p_1 = 1$.

$p'(2) = p_2 = 2$.

$p'(3) = 4$, denn $3 = 2 + 1 = 1 + 2 = 1 + 1 + 1$.

$p'(4) = 8$, denn $4 = 3 + 1 = 1 + 3 = 2 + 2 = 2 + 1 + 1 = 1 + 2 + 1 = 1 + 1 + 2 = 1 + 1 + 1 + 1$.

$p'(5) = 16$, denn $5 = 4 + 1 = 1 + 4 = 3 + 2 = 2 + 3 = 3 + 1 + 1 = 1 + 3 + 1 = 1 + 1 + 3 = 2 + 2 + 1 = 2 + 1 + 2 = 1 + 2 + 2 = 2 + 1 + 1 + 1 = 1 + 2 + 1 + 1 = 1 + 1 + 2 + 1 = 1 + 1 + 1 + 2 = 1 + 1 + 1 + 1 + 1$.

Die Folge der *Binärpotenzen* erscheint hier als Querverbindung zu bereits Bekanntem: Der folgende Ausdruck $C(n-1, k-1)$ mit k als Anzahl der Summanden ist nachvollziehbar anhand der Zerlegung einer Zahl n in Einsen: Werden n Einsen durch $(n-1)$ Pluszeichen verbunden, sind aus der Summe $(k-1)$ Auswahlen möglich, um die sonstigen Zerlegungen einschließlich der „Nicht-Einsen" zu erzeugen.

$$p'(n, k) = \sum_{k=1}^{n} \binom{n-1}{k-1} = \sum_{k=1}^{n} \frac{k}{n} \cdot \binom{n}{k} = 2^{n-1}$$

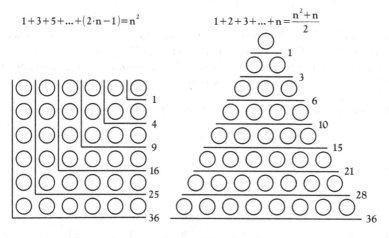

$$1 + 3 + 5 + \dots + (2 \cdot n - 1) = n^2 \qquad\qquad 1 + 2 + 3 + \dots + n = \frac{n^2 + n}{2}$$

Abb. 3.9 Bekannte Summenfolgen: Quadrat- und Dreieckszahlen

$$\binom{n}{k} = \frac{n \cdot (n-1) \cdot \ldots \cdot (n-k+2) \cdot (n-k+1)}{1 \cdot 2 \cdot \ldots \cdot (k-1) \cdot k} = \frac{n}{k} \cdot \binom{n-1}{k-1}$$

Auf diese Art werden *Zahlen* zerlegt und verteilt, auf die nun folgende Art aber *Mengen*: Stirling-Zahlen 2. Art zeigen deren nicht-leere, nicht-geordnete Teilmengen. Das Fehlen der Leeren Menge (Ø) unterscheidet sie von den *Binärpotenzen* des *Pascalschen Dreiecks* (Tab. 3.5). Ihre Zeilensummen heißen *Bell-Zahlen*, benannt nach dem schottisch-US-amerikanischen Mathematiker und Autor *Eric Temple Bell* (*1883, †1960), und bilden eine neue Folge *(OEIS: A000110)*. Deren erste Glieder (n = 1, 2, 3) sind wieder mit einer weißen, grauen und schwarzen Kugel W, G, S zu finden:

- S(1) = 1, denn (W) kann nur als (W) erscheinen.
- S(2) = 2, den (W, S) ist auch in (W) + (S) aufteilbar.
- S(3) = 5, den (W, G, S) kann auch als (W, G) + (S), (W, S) + (G), (S,G) + (W) oder (W) + (G) + (S) angeordnet werden.

Verteilungen erfordern zunächst Fallunterscheidungen (Abb. 3.10 und 3.11): Was wird wohin verteilt?

- Nicht-unterscheidbare Dinge werden auf nicht-unterscheidbare Behälter/Orte verteilt; hier ist eine *Partition* gesucht, denn es geht um die Anzahl.
- Unterscheidbare Dinge werden auf nicht-unterscheidbare Behälter/Orte verteilt; dass hier eine *Stirling-Zahl 2. Art* benötigt wird, ist selbsterklärend.
- Nicht-unterscheidbare Dinge werden auf unterscheidbare Behälter/Orte verteilt; dieser Fall wird noch hergeleitet.
- Unterscheidbare Dinge werden auf unterscheidbare Behälter/Orte verteilt; auch dieser Fall wird noch hergeleitet.

Daraus folgen Grenz- und Sonderfälle:

- Gibt es mehr Dinge als Behälter/Orte (n > k), ist bei jeder beliebigen Verteilung mindestens ein Behälter/Ort mit mindestens zwei Dingen belegt.
- Ist die Zahl der Dinge gleich der Zahl der Behälter/Orte (n = k), sind Gleichverteilungen möglich derart, dass jeder Behälter/Ort genau ein Ding enthält.

Tab. 3.5 Stirling-Zahlen 2. Art (n Umfang der Menge, k Zahl der jeweiligen Teilmengen)

	k = 1	k = 2	k = 3	k = 4	k = 5	Summe (Bell-Zahl)
n = 1	1					**1**
n = 2		1				**2**
n = 3	1	3	1			**5**
	1					
n = 4	1	7	6	1		**15**
n = 5	1	15	25	10	1	**52**

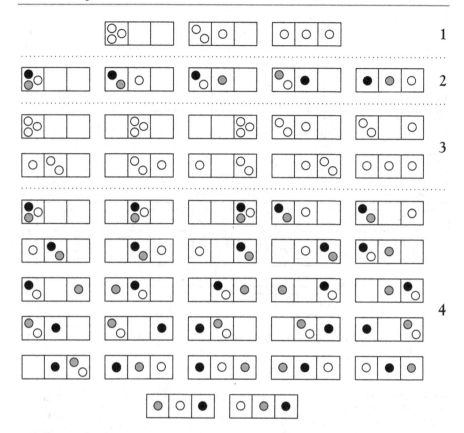

Abb. 3.10 Verteilung ($n = k = 3$) im Vergleich: Nicht-unterscheidbare Dinge und nicht-unterscheidbare Behälter/Orte (1), unterscheidbare Dinge und nicht-unterscheidbare Behälter/Orte (2), nicht-unterscheidbare Dingen und unterscheidbare Behälter/Orte (3), unterscheidbaren Dinge und unterscheidbare Behälter/Orte (4)

- Gibt es weniger Dinge als Behälter/Orte ($n < k$), zeigt sich bei jeder beliebigen Verteilung mindestens ein leerer Behälter/Ort.
- Unter den möglichen Verteilungen gibt es solche mit allen Dingen in einem Behälter (an einem Ort), wobei die anderen leer bleiben: Sind die Behälter/Orte unterscheidbar, sind es n Möglichkeiten und nur eine, wenn sie es nicht sind.

Das Verteilen von (nicht-unterscheidbarem) Gleichem oder Ähnlichem auf unterscheidbare Behälter/Orte ist nicht selten – ob Geld oder Ziegelsteine. Einfache Verteilungen sind nachfolgend gezeigt (Tab. 3.6). Die ersten beiden Zeilen ($n = 0$, 1) und die erste Spalte ($k = 1$) sind selbsterklärend; Leerstellen werden mit Nullen „aufgefüllt".

Zwei Dinge können auf zwei Behälter ($n = k = 2$) verteilt werden nach (2, 0), (0, 2) (1, 1); das sind 3 Möglichkeiten. Bei drei Behältern ($k = 3$) ergibt sich (2,

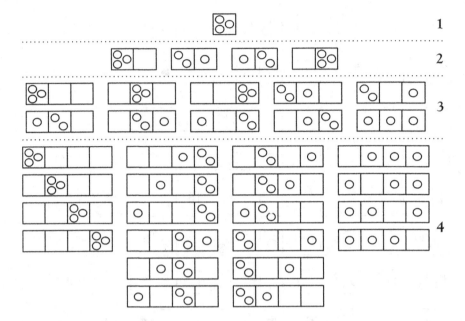

Abb. 3.11 Verteilung nicht-unterscheidbarer Dinge auf unterscheidbare Behälter/Orte (n = 3, k = 1, 2, 3, 4)

Tab. 3.6 Verteilung nicht-unterscheidbarer Dinge auf unterscheidbare Behälter/Orte

	k = 1	k = 2	k = 3	k = 4	k = 5	OEIS
n = 0	1	1	1	1	1	A000012
n = 1	1	2	3	4	5	A000027
n = 2	1	3	6	10	15	A000217
n = 3	1	4	10	20	35	A000292
n = 4	1	5	15	35	70	A000332
n = 5	1	6	21	56	126	A000389

0, 0), (0, 2, 0), (0, 0, 2), (1, 1, 0), (0, 1, 1), (1, 0, 1); das sind 6 Möglichkeiten. Bei vier Behältern sind es (2, 0, 0, 0) in 4 Reihenfolgen und (1, 1, 0, 0) in 6 Reihenfolgen (Gl. 3.1 und 3.2); das sind 10 Möglichkeiten. Fünf Dinge auf fünf Behälter zu verteilen (n = k = 5) gelingt mit

(5, 0, 0, 0, 0) in 5 Reihenfolgen, (4, 1, 0, 0, 0) in 20 Reihenfolgen,

(3, 2, 0, 0, 0) in 20 Reihenfolgen, (3, 1, 1, 0, 0) in 30 Reihenfolgen,

(2, 2, 1, 0, 0) in 30 Reihenfolgen, (2, 1, 1, 1, 0) in 20 Reihenfolgen sowie.

(1, 1, 1, 1, 1); das sind insgesamt 126 Möglichkeiten.

Die derart berechnete Tabelle zeigt um 45° im Uhrzeigersinn geneigt das *Pascalsche Dreieck* und führt zur Bildungsvorschrift für solche Distributionen (lat. *distributio*, Verteilung). Diese Herleitung erinnert nicht zufällig an eine bereits bewältigte (Gl. 3.9):

$$D(0,k) = \frac{1}{0!} = \begin{pmatrix} 0+k-1 \\ 0 \end{pmatrix}$$

$$D(1,k) = \frac{k}{1!} = \begin{pmatrix} 1+k-1 \\ 1 \end{pmatrix}$$

$$D(2,k) = \frac{k \cdot (k+1)}{2!} = \begin{pmatrix} 2+k-1 \\ 2 \end{pmatrix}$$

$$D(3,k) = \frac{k \cdot (k+1) \cdot (k+2)}{3!} = \begin{pmatrix} 3+k-1 \\ 3 \end{pmatrix}$$

...

$$D(n,k) = \frac{\prod_{i=0}^{n-1}(k+i)}{n!} = \begin{pmatrix} n+k-1 \\ n \end{pmatrix} \tag{3.14}$$

Die Verteilung unterscheidbarer Dinge auf unterscheidbare Behälter/Orte lässt sich ebenso herleiten; benötigt werden die Stirling-Zahlen 2. Art – ebenfalls nach Auffüllen der leeren Behälter/Orte mit Nullen und anschließender Bestimmung aller Reihenfolgen (Tab. 3.7). Auch hier sind die ersten beiden Zeilen (n = 0, 1) und die erste Spalte (k = 1) selbsterklärend. Die dritte Zeile (n = 2) erschließt sich wie folgt: Werden eine weiße Kugel W und eine schwarze Kugel S auf zwei Behälter (k = 2) verteilt, sind (W, S) im ersten oder zweiten Behälter, oder W ist im ersten und S im zweiten oder umgekehrt; das sind 4 Möglichkeiten.

Sind es drei Behälter (k = 3), finden sich (W, S) entweder zusammen in einem davon, oder jeweils eine im ersten und zweiten, ersten und dritten oder zweiten und dritten – immer in zwei Reihenfolgen; das sind 9 Möglichkeiten. Bei vier Behältern (k = 4) sind es (W, S) + (0) + (0) + (0) in 4 Reihenfolgen und (W) + (S) + (0) + (0) in 12 Reihenfolgen; das sind 16 Möglichkeiten. Bei fünf Behältern (k = 5) erscheinen (W, S) + (0) + (0) + (0) + (0) in 5 Reihenfolgen und (W) + (S) + (0) + (0) + (0) in 20 Reihenfolgen; das sind 25 Möglichkeiten.

Somit ergeben sich eine Folge von Einsen (n = 0), die Folge der natürlichen Zahlen (n = 1), die Folge der Quadratzahlen (n = 2) und die Folge der

Tab. 3.7 Verteilung unterscheidbarer Dinge auf unterscheidbare Behälter/Orte

	k = 1	k = 2	k = 3	k = 4	k = 5	OEIS
n = 0	1	1	1	1	1	A000012
n = 1	1	2	3	4	5	A000027
n = 2	1	4	9	16	25	A000290
n = 3	1	8	27	64	125	A000578
n = 4	1	16	81	256	625	A000583
n = 5	1	32	243	1024	3125	A000584

Kubikzahlen $(n = 3)$; es folgen die weiteren Potenzen. Die Bildungsvorschrift lautet demzufolge:

$$D(n,k) = k^n \tag{3.15}$$

3.4 Wahrscheinlichkeit

Schlüsselwörter

Statistik – Versuche ohne und mit „Zurücklegen" – Baum

Kombinatorik ermöglicht, eine vollständige Liste von Möglichkeiten für bestimmte Zustände von Möglichkeiten zu erstellen – eine Grundgesamtheit. Damit wiederum können Wahrscheinlichkeiten berechnet werden. Wie erwähnt wurden erste Gesetzmäßigkeiten schon vor Jahrhunderten bei der Untersuchung von Glücksspielen erkannt. Das führt in die *Statistik* (lat. *status*, Zustand, Verfassung) und zum Zählen von Menschen, Dingen, Zuständen, Ereignissen. So gut wie alles kann gezählt werden. Dazu dienen oft Strichlisten für die *Anzahl* (*absolute* Häufigkeit) des Gezählten; wird diese jeweils zur Gesamtmenge ins Verhältnis gesetzt, ergibt sich der *Anteil* (*relative* Häufigkeit).

Darauf folgt üblicherweise das Bestimmen von *Mittelwerten* und *Häufigkeitsverteilungen*. Der *Durchschnitt (arithmetisches Mittel)* ist wohlbekannt: Alle Werte werden summiert, die Summe durch ihre Anzahl geteilt. Messwerte (Körpergröße, Lebensalter, Einkommen, …) können in Gruppen oder Klassen eingeteilt und die Verteilungsmuster (Anzahl je Gruppe) unterschiedlicher Länder oder unterschiedlicher Zeiträume verglichen werden.

Wahrscheinlichkeiten entsprechen bei unendlichen, wenigstens sehr großen, Anzahlen von Versuchen der relativen Häufigkeit. Sie sind abhängig von der Versuchsanordnung. Hier wird die Unterscheidung gezeigt zwischen einem

- Versuch ohne „Zurücklegen"; das entspricht eine Ziehung in der Lotterie (das gezogene Los wird einbehalten, die Gesamtmenge vermindert sich) und einem
- Versuch mit „Zurücklegen"; das entspricht dem Würfeln (die Würfel verbleiben im Spiel und werden immer wieder verwendet, auch die Augenzahl ändert sich nicht).

Die Darstellung als „Baum" ist sehr nützlich, da sie übersichtlich gestaltet werden kann und den Weg für die Bestimmung von Häufigkeiten und Wahrscheinlichkeiten weist (Abb. 3.12): Multiplikation von „Stamm" zu „Ast" zu „Zweig" ergibt die Wahrscheinlichkeit P des einzelnen Ereignisstrangs. Addition von „Ast" zu „Ast" und von „Zweig" zu Zweig" ergibt für alle „Äste" oder „Zweige" eine Summe von jeweils 1 (100 %). So gilt vor dem Versuch:

$$P(W) + P(G) + P(S) = \frac{w}{w+g+s} + \frac{g}{w+g+s} + \frac{s}{w+g+s} = \frac{w+g+s}{w+g+s} = 1$$

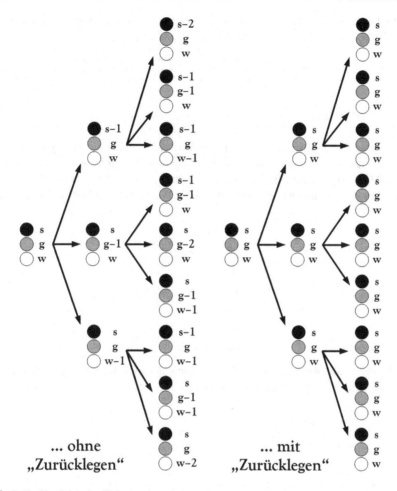

Abb. 3.12 Vergleich des Ziehens mit und ohne „Zurücklegen"

Werden nun aus einem Gefäß mit w weißen, g grauen, s schwarzen Kugeln nacheinander zwei weiße Kugeln ohne „Zurücklegen" gezogen, betragen die Anteile der weißen Kugeln vor dem Versuch, nach dem ersten Ziehen und nach dem zweiten Ziehen:

$$P_0(W) = \frac{w}{w+g+s}$$

$$P_1(W) = \frac{w-1}{(w-1)+g+s}$$

$$P_2(W) = \frac{w-2}{(w-2)+g+s}$$

Daraus lässt sich die Wahrscheinlichkeit berechnen, zweimal hintereinander eine weiße Kugel zu ziehen, und eine weitere … und so fort:

$$P_{01}(W) = \frac{w}{w+g+s} \cdot \frac{w-1}{(w-1)+g+s}$$

$$P_{012}(W) = \frac{w}{w+g+s} \cdot \frac{w-1}{(w-1)+g+s} \cdot \frac{w-2}{(w-2)+g+s}$$

Da sich die Gesamtmenge verändert, ändern sich auch die Häufigkeiten aller anderen Kugeln. Und wird immer weiter gezogen, endet der Versuch zwangsläufig wegen Mangels an Kugeln. Bei Versuchen mit „Zurücklegen" kann dies nicht geschehen; Gesamtmenge, Häufigkeiten und Wahrscheinlichkeiten ändern sich nicht:

$$P(W) = \frac{w}{w+g+s} = \text{const.}$$

$$P(G) = \frac{g}{w+g+s} = \text{const.}$$

$$P(S) = \frac{s}{w+g+s} = \text{const.}$$

Die Wahrscheinlichkeiten, mehrfach hintereinander eine weiße Kugel zu ziehen, unterscheiden sich somit deutlich vom ersten Versuch:

$$P_{01}(W) = \frac{w}{w+g+s} \cdot \frac{w}{w+g+s} = \left(\frac{w}{w+g+s}\right)^2$$

$$P_{012}(W) = \frac{w}{w+g+s} \cdot \frac{w}{w+g+s} \cdot \frac{w}{w+g+s} = \left(\frac{w}{w+g+s}\right)^3$$

Ein weiteres klassisches Beispiel ist der Münzwurf. Hier sind nur zwei Ergebnisse möglich (was den „Baum" sehr vereinfacht). Mit jedem Wurf verdoppelt sich die Zahl der Ereignisstränge; das sind die möglichen Abfolgen von „Wappen" und „Zahl" oder eben die Wege vom „Stamm" über die „Äste" zu den „Zweigen", wenn das Ganze als Baum dargestellt wird. Dabei halbiert sich jeweils die Wahrscheinlichkeit: n Würfe führen zu 2^n Ereignissträngen mit Wahrscheinlichkeiten von jeweils $(\frac{1}{2})^n$. Die Wahrscheinlichkeit, hintereinander ausschließlich „Wappen" oder „Zahl" zu werfen, beträgt bei 2 Würfen immerhin 25 %, sinkt aber bei 7 Würfen deutlich unter 1 % und bei 10 Würfen unter 1 ‰.

3.5 Zusammenfassung

Schlüsselwörter

Rechenregeln und Darstellungen – Braille-Schrift, I Ging, Würfel – Folgen und Summenfolgen

Kombinatorik umfasst weit mehr als das hier Gezeigte. Doch die wesentlichen Denkansätze und Rechenregeln sind nun eingeführt. Letztere folgen noch einmal in einer Übersicht (Tab. 3.8). Eine Abbildung zeigt, dass Zusammenhänge in der Kombinatorik, sofern es nicht um allzu große Mengen geht, gut anschaulich gemacht werden können (Abb. 3.13): Hier sind es der Baum, das Netz und die Zusammenstellung im Vergleich.

Noch einmal sei erwähnt, dass die Gesamtheit errechneter Möglichkeiten sich nicht immer verwirklicht. Der Einzelfall muss geprüft werden. Gelegentlich folgen mitunter ganz unterschiedliche Sachverhalte denselben Gesetzmäßigkeiten. Bekannt sind das etwa 5000 Jahre alte chinesische *I Ging/Yijing* („Buch der Wandlungen") mit seinen sechs – entweder durchgezogenen oder unterbrochenen – Linien *(Hexagramm)* sowie die Blindenschrift des französischen Blindenlehrers *Louis Braille* (*1809, †1852) von 1825. Beide beruhen auf sechsstelligen Zeichen; jede Stelle hat zwingend einen von zwei Werten: $2^6 = 64$ (Abb. 3.14). Das ist jedoch die ein-

Tab. 3.8 Berechnung von Anordnungen, Auswahlen und Verteilungen

	… ohne Wiederholungen	… mit Wiederholungen
Anordnung (Permutation)	$P(n) = n! = 1 \cdot 2 \cdot 3 \cdot \ldots \cdot n$ (Gl. 3.1)	$P(n,k) = \frac{n!}{k_1! \cdot k_2! \cdot \ldots k_n!}$ (Gl. 3.2)
Auswahl (Kombination)	$C(n,k) = \binom{n}{k} = \frac{n!}{k!(n-k)!}$ (Gl. 3.3)	$C(n,k) = \binom{n+k-1}{k}$ (Gl. 3.8)
Auswahl und Anordnung (Variation)	$V(n,k) = k! \cdot \binom{n}{k} = \frac{n!}{(n-k)!}$ (Gl. 3.9)	$V(n,k) = n^k$ (Gl. 3.11)
Summe aller Auswahlen und Anordnungen	$V(n) = \sum_{k=0}^{n} k! \cdot \binom{n}{k} = \sum_{k=0}^{n} \frac{n!}{(n-k)!}$ (Gl. 3.10)	$V(n) = \sum_{k=0}^{n} n^k$ (Gl. 3.12)
Verteilung (Distribution)	… in nicht-unterscheidbaren Behältern	… in unterscheidbaren Behältern
Nicht-unterscheidbare Dinge …	Partition (Abschn. 3.3)	$D(n,k) = \binom{n+k-1}{n}$ (Gl. 3.14)
Unterscheidbare Dinge …	Stirling-Zahl 2. Art (Abschn. 3.3)	$D(n,k) = k^n$ (Gl. 3.15)

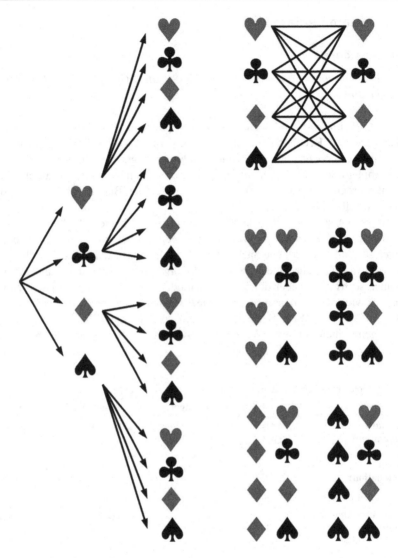

Abb. 3.13 Paarweise Zusammenstellungen am Beispiel der Spielkartenfarben

zige Gemeinsamkeit. Die Zahl Sechs erinnert auch an den Würfel; tatsächlich sind $2^6 = 64$ zweifarbige Körpernetze darstellbar (Abb. 3.15). Doch das ist trügerisch: Werden die Flächen nicht zusätzlich markiert (etwa durch übliche Augenzahlen), entstehen beim Basteln statt 64 nur 10 verschiedene Würfel, nämlich

- ein völlig weißer und ein völlig schwarzer Würfel sowie ein weißer Würfel mit einer schwarzen und ein schwarzer Würfel mit einer weißen Fläche (4),

Braille-Schrift   I Ging/Yiying

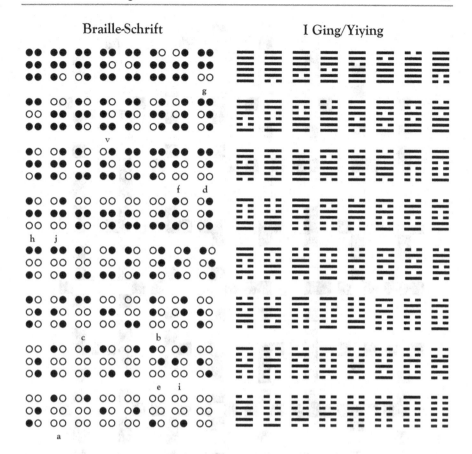

Abb. 3.14 Braille-Schrift und I Ging/Yiying im Vergleich

- ein überwiegend weißer Würfel mit zwei benachbarten schwarzen Flächen und ein solcher mit zwei sich gegenüber liegenden schwarzen Flächen sowie ein überwiegend schwarzer Würfel mit zwei benachbarten weißen Flächen und ein solcher mit zwei sich gegenüber liegenden weißen Flächen (4),
- zwei zur Hälfte weiße und schwarze Würfel, bei denen die gleichfarbigen Flächen entweder alle benachbart sind oder als Band den Würfel umschließen (2).

Es ist sinnvoll, die für die Kombinatorik wichtigen Folgen und Summenfolgen zu kennen, um im Einzelfall Zusammenhänge und Gesetzmäßigkeiten zu finden (Tab. 3.9); *Binomialkoeffizienten* und damit die Folgen des *Pascalschen Dreiecks* erscheinen immer wieder (Abb. 3.16).

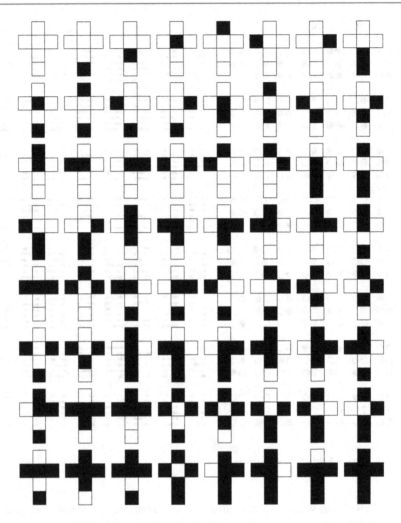

Abb. 3.15   Zweifarbiges Körpernetz des Würfels

Tab. 3.9 Folgen und Summenfolgen (Kraus, 2021)

Folge/Summenfolge	Bildungsvorschrift	OEIS
Natürliche Zahlen (1, 2, 3, 4, 5, 6, 7, 8, 9, 10, …)	$a_n = n$ (explizit) $a_{n+1} = n + 1$ (rekursiv)	A000027
Gerade Zahlen (2, 4, 6, 8, 10, 12, 14, 16, 18, 20, …)	$a_n = 2 \cdot n$ $a_{n+1} = a_n + 2$	A005843
Ungerade Zahlen (1, 3, 5, 7, 9, 11, 13, 15, 17, 19, …)	$a_n = 2 \cdot n - 1$ $a_{n+1} = a_n + 2$	A005408
Quadratzahlen (1, 4, 9, 16, 25, 36, 49, 64, 81, 100, …)	$a_n = n^2$ $a_{n+1} = a_n + 2 \cdot n + 1$	A000290
Dreieckszahlen (1, 3, 6, 10, 15, 21, 28, 36, 45, 55, …)	$a_n = \frac{1}{2} \cdot (n^2 + n)$ $a_{n+1} = a_n + n + 1$	A000217
Binärpotenzen (1, 2, 4, 8, 16, 32, 64, 128, 256, 512, 1024, …)	$a_n = 2^n$ $a_{n+1} = 2 \cdot a_n$	A000079
Fakultäten (1, 2, 6, 24, 120, 720, 5040, 40.320, 362.880, 3.628.800, …)	$a_n = n! = 1 \cdot 2 \cdot 3 \cdot \ldots \cdot n$ $a_{n+1} = a_n \cdot (n + 1)$	A000142
D_1-Partitionen (1, 2, 3, 5, 7, 11, 15, 22, 30, 42, …)	siehe oben	A000041
D_2-Partitionen (1, 3, 6, 13, 24, 48, 86, 160, 282, …)	siehe oben	A000219
Stirling-Zahlen 2. Art/Bell-Zahlen (1, 2, 5, 15, 52, 203, 877, 4140, 21.147, …)	siehe oben	A000110

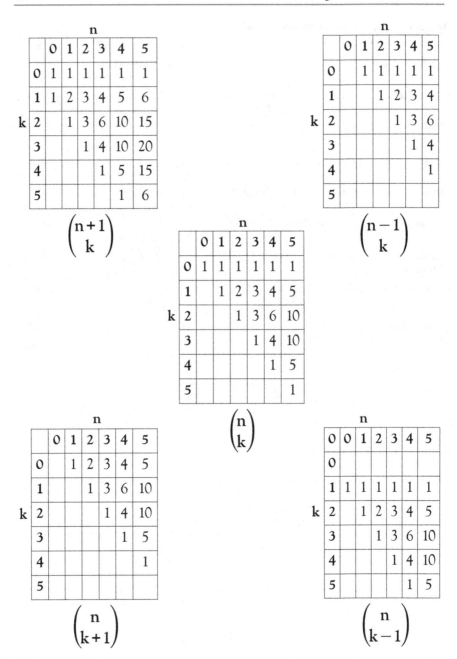

Abb. 3.16 Binomialkoeffizienten und ihre Zahlenmuster

Literatur (Vertiefung und Weiterführung der Inhalte)

Cameron, P. J. (1994). *Combinatorics. Topics, techniques, algorithms.* Cambridge University Press.

Jacobs, K., & Jungnickel, D. (2004). *Einführung in die Kombinatorik.* De Gruyter.

Kraus, M. H. (2021). *Eins, zwei, viele. Eine Kulturgeschichte des Zählens.* Springer.

Mladenovic, P. (2019). *Combinatorics. A problem-based approach.* Springer.

Roberts, F. S., & Tesman, B. (2009). *Applied combinatorics.* Taylor & Francis.

Tittmann, P. (2019). *Einführung in die Kombinatorik.* Springer.

Tucker, A. (2012/1995). *Applied combinatorics.* Wiley.

Anwendungen

4

4.1 Sprache (Linguistik, Lyrik)

Schlüsselwörter

Vertauschen und Versprechen – Anagramme und Palindrome – Bibliothek von Babel und Satz vom Affen

Nicht nur das Rechnen, auch das Sprechen, Schreiben, Dichten führt in die Kombinatorik. In der Dichtkunst wird ohnehin gern mit Formen und Mustern gespielt. Für klassische Versmaße entstand es eine strenge Ordnung (nachzulesen in einschlägigen Fachbüchern), geprägt von Kombinatorik und mit einer eigenen Notation, welche unter anderem die Zahl der Silben in jeder Zeile und die Zahl der Zeilen, die Betonung mit Hebungen und Senkungen oder Sprechpausen und Wiederholungen berücksichtigt, sich aber nicht auf jede Sprache anwenden lässt und ironischerweise nicht wirklich rückbezüglich ist: Kombinatorische Lyrik ist hier nur ein Sonderfall des Sonderfalls der „freien" Formen … Die Vertauschung ist ein naheliegendes Gestaltungsmittel. Seit der Verbreitung des Buchdrucks mehrten sich die Versuche, durch Sprachspiele mit Kombinationen und Symmetrien die Bedeutungstiefe von Texten zu mehren. Das war selten todernst gemeint. Im 19. Jahrhundert waren Sprachspielereien mit paarweisen Versetzungen und Fügungen beliebt; dazu gehören Schüttelreime:

> *Ich lauf jetzt in den Birkenwald, denn meine Pillen wirken bald.*
> *Du sollst dein krankes Nierenbecken nicht mit zu kalten Bieren necken.*
> *Ist auch des Dichters Ware billig, so nimmt er doch das Bare willig.*
> *Es klapperten die Klapperschlangen, bis ihre Klappern schlapper klangen.*
> *Wenn Gläser hell beim Weine klirren, entsteh'n im Hirne kleine Wirren.*
> *Es klagte laut das Sängerlein: „Mein Auftritt sollte länger sein!"*
> *Ins Warenhaus die Käufer laufen: Alle wollen Läufer kaufen.*
> *Ich saß auf einem Leiterwagen, wo Steine und so weiter lagen.*

© Der/die Autor(en), exklusiv lizenziert an Springer-Verlag GmbH, DE, ein Teil von Springer Nature 2023
M. Kraus, *Kompaktkurs Kombinatorik*, https://doi.org/10.1007/978-3-662-66973-0_4

Gib mir einen Schlummerkuss und mach mit meinem Kummer Schluss!
„Was machst du mit der Fackel dort?" – „Ich jage nur den Dackel fort."
Weil verkehrt die Weichen lagen, wurd' der Zug zum Leichenwagen.
Wenn ich das Haus mit Stuck schmück', ist es bald ein Schmuckstück.
Morgens der Berge schimmernde Weiße, abends der Geigen wimmernde Scheiße.
Sittsam lebt das Warzenschwein: Es meidet sogar schwarzen Wein.
In der großen Hunderunde saßen viele runde Hunde.

Das Entstehen von Gedichten war unter diesen Umständen nicht vermeidbar. Zwei deutsche Humoristen – *Fred Endrikat* (*1890, †1942) und *Hansgeorg Stengel* (*1922, †2003) – haben die „Sprichwörter" (*... Ein Meister nie alleine bellt./ Vom Himmel fallen keine Hunde./Dem Glücklichen gehört die Welt./Dem Mutigen schlägt keine Stunde.*) und das „Extempore" (*... Gottes Mühlen beißen nicht/ keine Rose hat zwei Seiten/wenn sie auch die Wahrheit spricht./Guter Rat krümmt sich beizeiten.*) hinterlassen. Manchmal witziger, oft peinlicher sind jedoch jene als Versprecher bekannten Fehlpaarungen; hier zwingen Stress oder Zerstreutheit zwei vertraute Begriffe oder Redensarten zueinander:

Ich muss dir reinen Tisch einschenken. – Dich sollte ich mal übers Ohr legen. – Es ist nur einen Katzenwurf entfernt. – Da hatte ich mir was eingehalst. – Mir hängt viel an dir. – Du bist mein ein und O. – Da bin ich doch fast aus allen Socken gefallen. – Er stand auf verlorenem Fuß. – Sie hat sich die Hände gerauft. – Ich werde mit gleicher Münze zurückschlagen. – Alkohol auf frühen Magen geht nicht. – Du hast mein Misstrauen verbraucht. – Du kannst mir keinen Honig in die Augen schmieren. – Er hätte Hab und Hof verspielt. – Das habe ich mir doch nicht aus den Haaren gesaugt. – Ich wollte bei dir mein Leid erleichtern. – Das muss man sich mal auf dem Mund zergehen lassen. – Eine Krähe wäscht die andere. – Mir ging ein Groschen auf. – Du kannst die nächsten Tage bei mir umkommen. – Es ist nur einen Katzenwurf entfernt. – Ich habe ihm alles Gute gedrückt. – Du musst endlich einen Schlusspunkt ziehen. – Das ist noch nicht das Wahre vom Ei. – Ich hatte mich schweren Schrittes dazu entschlossen. – Eine Zeit lang konnte ich mich über den Beinen halten. – Das liegt jetzt schon eine Weile her. – Noch sitze ich auf heißen Koffern. – Du wirst noch ins Grab beißen. – Letzte Woche brach ich aus allen Nähten. – Damals konnte ich mich pausenlang besaufen. – Du musst mit gleicher Münze zurückschlagen. – Wir werden dem Kern der Sache auf den Grund gehen. – Das war eine Syphilisarbeit. – Meine Damen und Herren, dies ist unsere Einrichtung für minderwertige Mütter! (gemeint waren natürlich „minderjährige")

Ähnliche Fehlleistungen zweier Gelehrter, *Johann Georg August Galletti* (*1750, †1828), Gymnasialprofessor in Gotha, Verfasser von Geschichtswerken, und *William Archibald Spooner* (*1844, †1930), britischer Geistlicher und Gelehrter in Oxford, sind heute noch bekannt; einiges wurde ihnen wohl untergeschoben. Ersterer schätzte die Arbeiten seines Zeitgenossen Immanuel Kant *„über Zaum und Reit, ich meine natürlich Raut und Zeim"* und empfahl seinen Schülern: *„Schlagt die Bücher zu, und macht die Köpfe auf, damit nichts mehr hineingeht."* Letzterer hinterließ unter anderem den Ausruf *„Three cheers for our queer old dean!"* (statt *„...our dear old queen"*) und die Anweisung *„You will leave by the next town drain."* (statt *„... the next down train"*).
    Beliebt ist ferner das Palindrom (altgriech. *palindromos*, rückwärts laufend), ein Wort oder eine Wortgruppe, die von vorn und hinten gelesen jeweils gleich

klingt. Doch die Auswahl an ansatzweise Sinnvollem ist begrenzt *(Reliefpfeiler –*
Lagerregal – Eine Blase salbe nie. – Tarne nie deinen Rat. – A man, a plan, a
canal: Panama!) Ähnliches gibt es im Zahlenreich, wie im nächsten Kapitel
gezeigt wird. Ergiebiger ist die *Permutation.* Der „Kanon" von *Adelbert von*
Chamisso (*1781, †1838) ist heute noch bekannt:

> *Das ist die Not der schweren Zeit!*
> *Das ist die schwere Zeit der Not!*
> *Das ist die schwere Not der Zeit!*
> *Das ist die Zeit der schweren Not!*

Die nächsten beiden Beispiele stammen aus der zeitgenössischen Satirezeitschrift
„Fliegende Blätter":

> *Wenn ein Nachtwächter mit seinem Spieß in der Hand, seinen Hund hinter sich, ins Horn*
> *stößt, wird sich gewiss niemand wundern. Wenn aber derselbe Nachtwächter, seinen Hund*
> *in der Hand, sein Horn hinter sich, in seinen Spieß stieße; oder seinen Spieß hinter sich,*
> *sich selbst in der Hand, sein Horn in den Hund stieße; oder sich selbst hinter sich, seine*
> *Hand in dem Hund, seinen Spieß in das Horn stieße – so würde sich gewiss die ganze Welt*
> *verwundern.*

> *Wenn der Mops mit der Wurst übern Spucknapf springt/und der Storch in der Luft den*
> *Frosch verschlingt.*
> *Wenn der Storch mit dem Mops übern Spucknapf springt/und der Frosch in der Luft die*
> *Wurst verschlingt.*
> *Wenn der Mops mit dem Frosch übern Spucknapf springt/und der Storch in der Luft die*
> *Wurst verschlingt.*
> *Wenn der Frosch in der Luft übern Spucknapf springt/und der Storch mit dem Mops die*
> *Wurst verschlingt.*
> *Wenn der Mops mit dem Spucknapf übern Storch wegspringt/und die Wirst in der Luft den*
> *Frosch verschlingt.*
> *Wenn der Frosch mit der Wurst übern Spucknapf springt/und der Storch in der Luft den*
> *Mops verschlingt.*
> *Wenn die Luft mit dem Storch übern Spucknapf springt/und der Frosch mit der Wurst dem*
> *Mops verschlingt.*
> *Wenn die Wurst mit dem Frosch übern Spucknapf springt/und der Mops in der Luft den*
> *Storch verschlingt.*
> *Wenn der Storch sich selbst in der Luft verschlingt/und der Frosch mit dem Spucknapf*
> *übern Mops wegspringt.*
> *Wenn der Mops in der Luft den Spucknapf schlingt/und der Storch mit der Wurst übern*
> *Storch wegspringt.*
> *Wenn der Storch übern Mops und die Wurst wegspringt/und der Frosch im Spucknapf die*
> *Wurst verschlingt.*
> *Wenn der Frosch mit dem Mops in der Luft wegspringt/und der Storch den Spucknapf mit*
> *der Wurst verschlingt.*
> *Wenn der Spucknapf mit der Wurst übern Frosch wegspringt/und der Storch in dem Mops*
> *die Luft verschlingt.*
> *Wenn der Frosch in der Luft den Storch verschlingt/und die Wurst übern Spucknapf und*
> *den Mops wegspringt.*
> *Wenn der Mops mit der Wurst übern Spucknapf springt/und der Storch in der Luft den*
> *Frosch verschlingt.*

In der Moderne schwand die Bindung an Regeln (zumindest in der Dichtkunst) völlig mit der Dada-Bewegung vor 100 Jahren: Den damaligen Beteiligten war die Permutation schon ein zu starres Muster. Übrigens wurden zu dieser Zeit vier Studenten in Tübingen wegen Beamtenbeleidigung belangt; sie hatten unter Einfluss geistiger Getränke nächtens einen Polizisten umkreist und freundlich gegrüßt:

> *„Grüß Gott, Herr Schutzmann Eisele!"*
> *„Grüß Gott, Herr Eismann Schutzele!"*
> *„Grüß Gott, Herr Scheißmann Utzele!"*
> *„Grüß Gott, Herr Utzmann Scheißele!"*

Der *Metasemantische Generator* ist eine *Kreativitätstechnik* nach *Ramon Llull*. Geistige Leere wird durch flotte Wortwahl verborgen, hier am Beispiel von Wahlkampfparolen:

> *AFW: Aufschwung & Freiheit für mehr Wohlstand! – Aufschwung in Freiheit bringt Wohlstand! – Aufschwung in freiheitlichem Wohlstand! – Aufschwung oder Freiheit statt Wohlstand!*
> *AWF: Aufschwung zum Wohlstand in Freiheit! – Aufschwung für mehr Wohlstand und Freiheit! – Aufschwung und Wohlstand durch Freiheit! – Aufschwung und nicht Wohlstand schafft Freiheit!*
> *FAW: Freiheit ermöglicht Aufschwung zum Wohlstand! – Freiheit statt Aufschwung verhindert Wohlstand! – Freiheit ist Aufschwung durch Wohlstand! – Freiheit oder Aufschwung statt Wohlstand?*
> *FWA: Freiheit verlangt Wohlstand durch Aufschwung! – In Freiheit kommt Wohlstand nach Aufschwung! – Die Freiheit zum Wohlstand bringt Aufschwung! – Freiheit, Wohlstand und Aufschwung für alle!*
> *WAF: Wohlstand durch Aufschwung in Freiheit! – Wohlstand bringt Aufschwung für die Freiheit! – Lieber Wohlstand statt Aufschwung oder Freiheit! – Ist Wohlstand ohne Aufschwung schon Freiheit?*
> *WFA: Wohlstand in Freiheit bringt Aufschwung! – Wohlstand für die Freiheit des Aufschwungs! – Wohlstand bringt freien Aufschwung! – Wohlstand oder Freiheit sind auch Aufschwung!*

Auch folgendes Hilfsmittel zum Finden von Tätigkeitsbezeichnungen nutzt Vertauschungen (Abb. 4.1): Der US-amerikanische Anthropologe und „Occupy"-Vordenker *David Graeber* (*1961, †2020) beklagte, dass sich gerade in der „freien" Wirtschaft teils inhaltsarme, aber beeindruckend benannte (und mitunter gut bezahlte) Tätigkeiten ausbreiten (*Bullshit Jobs*, 2018). Wer Stellenanzeigen aus Großstädten liest, sieht den Trend auch in Deutschland: Welcher junge Mensch wäre nicht gern *Senior Process Integration Consultant* ...?

Der US-amerikanische Physik-Professor *Alan D. Sokal* (*1955) sorgte 1996 mit einer Veröffentlichung in Gestalt eines wissenschaftlichen Zeitschriftenbeitrags für Aufsehen: Tatsächlich wollte er den Umgang mit der Sprache seitens bestimmter Strömungen der Postmoderne anprangern. Dazu nutzte er Versatzstücke aus dem einschlägigen Jargon; aufgefallen war das zunächst nur wenigen. Das verwundert wiederum niemanden, der weiß, wie viel Blödsinn gerade im

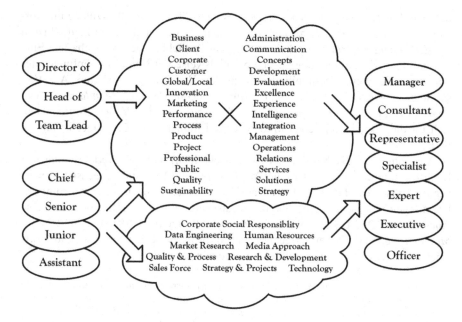

Abb. 4.1 Job Title Generator („Bullshit Matrix")

20. Jahrhundert der Menschheit mit einem ernsten Gesicht verkauft wurde. Hier nun ging es um die kulturellen Einflüsse auf die Schwerkraft (oder irgendetwas in dieser Art):

Thirdly, the postmodern sciences overthrow the static ontological categories and hierarchies characteristic of modernist science. In place of atomism and reductionism, the new sciences stress the dynamic web of relationships between the whole and the part; in place of fixed individual essences (e.g. Newtonian particles), they conceptualize inter-actions and flows (e.g. quantum fields). Intriguingly, these homologous features arise in numerous seemingly disparate areas of science, from quantum gravity to chaos theory to the biophysics of self-organizing systems ...

Daraus lässt sich mit Kombinatorik noch mehr machen: Beispielsweise liefern acht übliche Vorsilben *(ab-, an-, auf-, bei-, ent-, er-, um-, ver-)*, acht übliche Wort-stämme *(-brauch-, -führ-, -licht-, -rast-, -staat-, -trag/träg-, -zug/züg-)* und acht übliche Endungen *(-artig, -bar, -haft, -ig, -isch, -lich, -sam, -selig)* $8 \times 8 \times 8 = 512$ Eigenschaftswörter, von denen längst noch nicht alle erschlossen sind. Was spricht dagegen, demnächst in einem Antrag, Bericht oder sonstigen Schrift-stück *entstaatbar, beiträglich, verbrauchsam, umlichtartig* oder *beizüglich* zu ver-wenden? Es wird entweder nicht auffallen oder so klingen, als gäbe es einen Sinn ... Werbeschaffende spielen ganz hemmungslos mit der Sprache, und das zeitigt oft eigenwillige Folgen: Wer hat nicht schon einmal kopfschüttelnd vor dem Regal im Supermarkt gestanden und über den Zusammenhang zwischen dem Äußeren und dem Inneren einer Verpackung nachgesonnen? Kann man heutzutage mit Vorsilben wie *eco-, i-, inno-, pro-* oder *nano-* ganze neue Warenwelten zum Glitzern bringen, klang es früher noch etwas gegenständlicher oder heldenhafter. Eine wissenschaftliche Arbeit befasste sich beispielsweise mit Namensschöpfungen der US-amerikanischen Automobilindustrie in den Nachkriegsjahrzehnten: Aus Versatzstücken wie *Eagle, Imperial, Century, Concord, Special, Standard, Crown, Sport, Luxury, Cruiser, Super, Coupe, Suburban, Spirit, Baron, Estate* ließen sich für die oftmals jährlichen Modellwechsel immer neue Zusammenstellungen finden.

Anagramm (altgriech. *anagraphein,* umschreiben) heißt die Vertauschung von Buchstaben eines Wortes oder einer Wortgruppe; alle Buchstaben müssen wiederverwendet werden. Da es im Englischen mehr Wörter griechischen oder römisch-lateinischen Ursprungs gibt als im Deutschen, gibt es zahlreiche paarweise Anagramme. Der US-amerikanische Autor *Bill Bryson* (*1951) vermittelte in *Mother Tongue* (1990) seine Begeisterung für britische Kreuzworträtsel und Wortspiele, die oft auf Anagrammen und Palindromen beruhen:

> *British crosswords require you to realize that a cart horse is an anagram of orchestra, that contaminated can be made into admittance, that emigrants can be transformed into streaming, Cinerama into American, Old testament into most talented, and World Cup team into (a stroke of genius, that one) talcum powder. … The Romans also liked anagrams – scrambling a word or phrase to form new words or phrases – and turned „Quid est veritas?" (What is truth?) into „Est vir qui adest." (It is this man here.) … What kind of mind is it that can notice that „two plus eleven" and „one plus twelve" not only give the same result but use the same letters?*

Im Deutschen liefern dafür etliche Wörter oder Sätze mit besonders häufig verwendeten Buchstaben eine große Zahl von Anagrammen. Zu den ergiebigen Wörtern gehört „Kindergarten" (zwölf Buchstaben, davon drei jeweils doppelt). *Combinatorial Explosion* ist folgerichtig; doch von den $P(12,2,2,2) = 59.875.200$ Möglichkeiten sind die meisten sinnlose Zeichenketten (Gl. 3.2). Diese 50 haben wenigstens einigen Erkennungswert:

> *Irrt, Gedanken! – Kader gerinnt – Er kniet. Drang? – Kern-Gradient – Dann kriegt er … – Rind-Getraenk (Milch?) – Neid geknarrt – Granit-Denker (Plastik von Rodin?) – Kinder tragen/Kind ertragen – Karten-Dinger – Kann der Tiger …? – Den Tragikern. (Inschrift über Parlaments- oder Theaterportal) – Ringender Akt (noch eine Plastik?) – Tank dir Regen! – Ertrag kniend! – Da, Regen, trink! – Radring-Knete (Dichtungsmasse) – Trinke da gern! – gern kandiert – kernig ratend – Nirgend Kreta? – Gern drin Teak! – Nektar-Dinger – Knete dir Garn. – Er nagt Kinder. – Krieg tarnend – trink gaerend – Ader eng? Trink! – Dank gern, Tier – Rad kennt Gier – Rad eng? Trinke! – Renditen karg – Ring der Akten – Kater? Nirgend! – Gin, der Nektar – Kind rat gerne! – Kredit, na gern! – Da, Krieg, rennt! – Knie regt Rand. – Grad eint Kern. – Drin regt Akne. – Er trank Dinge. – erdig erkannt – Trinker-Gnade – Genre-Art Kind – Kinn redet arg. – Neigt der Kran? – Kind, gar Rente? – Kind, rat Regen! – Gaertner-Kind*

Der Weg von der Mathematik in die Lyrik ist also erstaunlich kurz – für alle, die wissen, was sie tun. Stammt das folgende Gedicht beispielsweise aus den wilden 20ern oder den anderswilden 70ern?

Geigers Bund-Rune:
Bund sei Erregung!
Guru, Bier segnend,
Guru, Brie sengend!

Guru, binde Genres:
Ding uebern Greis
Gruen uebers Ding!
(Gurus erben Dinge)

Guru, gerb niesend!
Uns' beider Regung:
Beug runden Greis!
(Ur-Buerde Ginseng)

Du, Nubiers Gegner,
Genius der Burgen!
Genug uebers Rind,
du geringer Busen!

Gesinde grub Urne:
Segnung, du Iberer!
Gruben und Greise,
gerb nur Suendige!

Genug sind rueber,
neuerdings Grube
Dung seiner Grube,
biege uns gurrend.

Reis-Begruendung:
Duenger bis gruen.
Bruders Neue ging
(Sueden, nur bergig)

Singen, du Buerger!
Sind Guru ergeben:
Gruen-Brei gesund!
Grinse, Dung-Ruebe!

Bund uns'rer Geige,
B-Dur reuig segnen!
Surrende Biegung
ueberging Rundes

Rueber, du Ginseng,
Bund suggerieren!
Nur Diebes Regung,
Gesunde, gerb Urin.

Bruders Eingebung:
Erdung bugsieren.
Nur siegende Burg,
Sieg uebern Grund!

Singe ueber Grund,
grinse ueber Dung:
Uns're Beerdigung,
ueber dir Segnung.

Ein reges Burgund
Erdig-gruenen Bus
Grinsen, du Buerge!
Genug Rinds-Ruebe?

Es ist keines von beiden, sondern jede Zeile ist ein Anagramm von „Bundes-regierung", wobei von den $P(15,3,2,2,2,2) = 13.621.608.000$ möglichen Zeichen-ketten die meisten Ausschuss sind. Diese Ausführungen zur Dichtung enden also mit einer „Mahnung an die Dichter und Denker":

Bedächtig denkende Dichter und bedenklich dichtende Denker,
ihr undenkbar dichten,
verdächtige Gedichte bedenkend, dichterisch Gedanken verdichtend,
ihr mit Bedacht verdachten und mit Verdacht bedachten,
denkt daran, Erdachtes bedichtend,
andächtig der Dichtung zu gedenken!

Das Spiel mit der Sprache kennt keine Grenzen. Die britische Komiker-Truppe *Monty Python* hat das Absurd-Anarchische im Englischen zur Kunst erhoben, wie in dem schon gut 50 Jahre alten *Spam-Sketch* (das war die Zeit, in der Spam tatsächlich nur für *Salted Pork and Ham* in der Dose stand und nicht für unerwünschte Werbung). Hier macht der Gast den Fehler, sich von der Bedienung ein Frühstück empfehlen zu lassen:

Morning.
Morning.
What have you got, then?
Well, there's egg and bacon; egg, sausage and bacon; egg and spam; egg, bacon and spam; egg, bacon, sausage and spam; spam, bacon, sausage and spam; spam, egg, spam, spam, bacon and spam; spam, spam, spam, egg and spam; spam spam, spam, spam, spam, spam, baked beans, spam, spam, spam and spam; or lobster thermidor aux crevettes with a mornay sauce garnished with truffle paté, brandy and a fried egg on top and spam.
Have you got anything without spam in it?
Well, there's spam, egg, sausage and spam. That's not got much spam in it.

Ebenfalls schwarzhumorig hat auch der deutsche Humorist *Vicco von Bülow*, genannt *Loriot* (*1923, †2011), in den bürgerlichen Befindlichkeiten seiner Zeit herumgewühlt; man denke an die Kombinatorik in seinen Ratschlägen zum

Fernsehen für Hundehalter oder den Kauf von Opernkarten (mal ganz abgesehen vom Jodel-Diplom: Holeridudödeldi …):

Kleine dicke oder große oder große lange Hunde und kleine dünne, langhaarige oder dicke, kurzhaarige sollten nicht nach 21 Uhr, langohrige dicke, kurzohrige dünne und Hunde zwischen zwei und acht Jahren nur unter ärztlicher Aufsicht fernsehen.

Also ich hätte gern für heute Abend fünf Plätze so sechste bis neunte Reihe Mitte.
Tut mir leid, ich habe nur vier in der dritten und einen hinten – oder zwei in der ersten und drei in der elften.
Und weiter vorne?
Drei in der zweiten, einen in der vierten und einen in der neunten.
Und fünf in der sechsten?
Nein, nein.
Es gingen auch zwei in der sechsten, zwei in der siebenten und einer in der achten.
Nein, aber zwei in der ersten, einen in der zweiten und zwei in der zehnten.

Die deutsche Sprache ist überaus wandlungsfähig und erweiterbar, gelegentlich auch mehrdeutig und verwirrend. Das merken viele, die sie als Zweitsprache erlernen: Wer einen neuen Kühlschrank benötigt, freut sich über ein günstiges Angebot, selbst wenn es ein auslaufendes Modell ist. Eine Ausscheidungsrunde ist nicht das, wonach es klingt, sondern Teil eines sportlichen Wettkampfes. Angestellte heißen Angestellte, weil sie angestellt werden, auch wenn sie sich manchmal so anstellen. Einen Mietspiegel ist kein Möbel zum Ausleihen, sondern eine Darstellung der Miethöhe in einer Stadt. Ferner bezeichnen „ausfallen" und „ausfällig werden" unterschiedliche Tätigkeiten; „abfällig" ist nur entfernt mit „Abfall" verwandt, desgleichen „überfällig" mit „Überfall". Hat man eine gute Zeit verlebt, muss man danach nicht zwangsläufig verlebt aussehen. Will man den Unterschied zwischen „laufend" und „läufig" oder „zugig" und „zügig" im Sprachunterricht erklären, muss man noch weiter ausholen … Gar eigenwilige Worte erscheinen in Wort und Schrift, wie *Beelterung* (Benennung von Pflegeeltern anstelle der leiblichen Eltern), *Durchwegung* (Anlegen eines Weges durch ein Geländestück), *Verklappung* (Ablassen giftiger Abwässer von Schiffen ins Meer), *Verschubung* (Verlegung von Häftlingen in andere Gefängnisse, um etwa Gruppenbildungen vorzubeugen oder Familienbesuche zu ermöglichen) oder *Verstetigung* (Schaffen einer Regelmäßigkeit). Ein durch Vertauschungen gewandelter Satzbau ändert den Inhalt und die Zielrichtung (und dabei ermöglicht die jeweilige Betonung noch weitere feine Abwandlungen):

- *Über ihren Geschmack kann man nicht streiten.*
- *Streiten kann man über ihren Geschmack nicht.*
- *Streiten kann man, über ihren Geschmack nicht.*
- *Streiten kann man über ihren Geschmack, nicht?*
- *Streiten kann man nicht über ihren Geschmack.*
- *Nicht streiten kann man über ihren Geschmack.*
- *Kann man über ihren Geschmack nicht streiten?*
- *Kann man nicht über ihren Geschmack streiten?*
- *Man kann nicht über ihren Geschmack streiten.*
- *Man kann nicht streiten über ihren Geschmack.*

Leibniz versuchte sich lange und letztlich erfolglos an den Grundlagen einer einheitlichen, wissenschaftlichen Sprache: Jeder Gegenstand sollte nur durch einen Begriff, durch ein Zeichen bestimmt sein. Dies gelang damals nicht, später schon: *Digitalisierung* ist (auch) Vereinheitlichen durch Rückführen auf endliche, eindeutige Zeichensätze. Die Frage, wie viel sich mit vergleichsweise wenigen Zeichen ausdrücken lässt, wird in Europa seit der Erfindung des Buchdrucks immer wieder gestellt.

Der heute fast vergessene deutsche Schriftsteller *Kurd Laßwitz* (*1848, †1910) hinterfragte so die Idee der *Enzyklopädie* (griech. *enkyklios paidaia*, Allgemeinbildung) aus dem 18. Jahrhundert (Die Universalbibliothek, 1904): Wie viel Wissen lässt sich auf Papier bannen? Und der argentinische Schriftsteller *Jorge Luis Borges* (*1899, †1986) beschrieb die *Bibliothek von Babel* (*La biblioteca de Babel,* 1941): Sie besteht aus sechseckigen, über- und untereinander angeordneten Galerien mit einer Öffnung in der Mitte, durch die oben und unten jeweils viele weitere Galerien sichtbar werden. Von den sechs Seiten jeder Galerie werden vier durch jeweils fünf Regale mit 32 gleich großen Büchern eingenommen (640 Bücher in jeder Galerie), eine weitere Seite mündet in einen Gang zur nächsten Galerie (die sechste auch?) Jedes Buch hat 410 Seiten × 40 Zeilen × 80 Zeichen (1.312.000 Zeichen in jedem Buch oder 839.680.000 Zeichen in jeder Galerie); das können 22 Buchstaben (im Spanischen gibt es weder Umlaute noch ß), Leerzeichen, Komma oder Punkt sein. *Combinatorial Explosion* droht auch hier, denn jedes Buch könnte 25$^{1.312.000}$ Inhalte (Zeichenfolgen) haben! Angeblich hat man versucht, vermeintlich überflüssige Bücher zu vernichten; viele unterscheiden sich nur in wenigen Zeichen.

Das führt zu einer neuen Frage: Wie viele Fehler lassen sich noch „überlesen"? Wie robust sind also Schriftsätze gegen Fehler? Vor etwa 50 Jahren zeigte ein britischer Forscher, dass das menschliche Gehirn beim Lesen ergänzt: Wörter bleiben noch lesbar, wenn alle Buchstaben bis auf den ersten und letzten vertauscht werden (vorausgesetzt, sie sind nicht zu lang): *Deeisr Staz ist gadere ncoh lbaser. – Dsieer Staz ist gredae ncoh labser. – Desier Staz ist gardee ncoh lebasr.* Ist dieser Satz gerade noch lesbar? Das sind nur drei von $4^3 = 64$ Möglichkeiten, denn nennenswerte Vertauschungen von vier Buchstaben gelingen nur im 1., 3., und 6. Wort (Gl. 3.2). Mit ähnlichen Überlegungen befasste sich bereits der deutsche Physik-Professor und Aphoristiker *Georg Christoph Lichtenberg* (*1749, †1799) in einem seiner *Sudelbücher,* wobei er vielleicht an semitische Sprachen wie Arabisch und Hebräisch dachte, deren Schrift sich durch den sparsamen Gebrauch von Vokalen auszeichnet: *„Man könnte, da man doch einzelne Silben nicht liest, sondern ganze Wörter, manche Bücher sehr abkürzen. In vielen Wörtern sind die Vokale entbehrlich: Mnsch liest gewiss jedermann Mensch, lst gewß jdrmn Mnsch."* Ähnliche Überlegungen wurden in den letzten Jahrzehnten als „Satz vom Affen" *(Infinite Monkey Theorem)* bekannt: Mit welcher Wahrscheinlichkeit würden sehr viele Affen, die sehr lange auf sehr vielen Schreibmaschinen herumtippen, zufällig ein bekanntes Werk nachempfinden?

Eine Besonderheit sind Bücher, deren Abschnitte in beliebiger Reihenfolge und Auswahl lesbar sind – geleitet durch Neugier, Zufall oder Querverweise. Zwei bekannte derartige Werke stammen von dem österreichischen Schriftsteller *Andreas Okopenko* (*1930, †2010) und dem deutsch-US-amerikanischen Literatur-Professor *Hans Ulrich Gumbrecht* (*1948) (*Lexikon-Roman*, 1970, *1926 – Ein Jahr am Rand der Zeit*, 2003); sie nutzen gewissermaßen *Hypertext*, der durch das *World Wide Web* zur Selbstverständlichkeit wurde.

Wer gern liest, bemerkt ohnehin oft Muster in den Handlungen von Romanfiguren, die nicht selten Bezug zur Kombinatorik haben. Der deutsche Autor *Patrick Süskind* (*1949) beschrieb in *Das Parfüm* (1985) Verwirrung und Ärger des alten Parfümeur-Meisters, der den neuen Lehrling ohne jede Rücksicht auf die handwerklichen Gebräuche und scheinbar rein zufällig die kostbaren Duftstoffe zusammengießen sieht – nur um zum Schluss gar doch noch einen ganzen Glasballon des gewünschten Parfüms von ihm zu erhalten:

Anscheinend wahllos griff Grenouille in die Reihe der Flakons mit den Duftessenzen, riss die Glasstöpsel heraus, hielt sich den Inhalt für eine Sekunde unter die Nase, schüttete dann von diesem, tröpfelte von einem anderen, gab einen Schuss von einem dritten Fläschchen in den Trichter und so fort. Pipette, Reagenzglas, Messglas, Löffelchen und Rührstab – all die Geräte, die den komplizierten Mischprozess für den Parfümeur beherrschbar machten, rührte Grenouille kein einziges Mal an. Es war, als spiele er nur, als pritschle und pansche er wie ein Kind, das aus Wasser, Gras und Dreck einen scheußlichen Sud kocht und dann behauptet, es wäre eine Suppe. … Ein solch fanatisches Kleinkind steckte in diesem jungen Mann, der mit glühenden Augen am Tisch stand und seine ganze Umgebung vergessen hatte, offenbar gar nicht mehr wusste, dass es noch etwas anderes gab in der Werkstatt außer ihm und diesen Flaschen, die er mit behender Tapsigkeit an den Trichter führte, um sein Wahnsinniges Gebräu zu mischen, von dem er hinterher todsicher behaupten würde – und auch noch daran glaubte! – es wäre das erlesene Parfüm „Amor und Psyche".

Wer schon einmal in Labors gearbeitet hat, kann sich die Szene lebhaft vorstellen. Und wer Verwandte und Freunde hat, die gern kochen, kennt jene beiden Verfahrensweisen: Die Einen bleiben nah am Rezept und schwören auf die Klassiker, die Anderen jonglieren mit immer neuen Zutaten. Versuchen beide gemeinsam zu kochen, treiben sie sich in den Wahnsinn; kochen sie für sich, führt beides jeweils zum Ergebnis … Doch zurück in die Welt des Schreibens – in anderen Werken gehört das Vertauschen und Wandeln, das Spiel mit der Sprache, zum Ansatz, wie in dem erwähnten *Lexikon-Roman* von *Andreas Okopenko*:

Lagerschuppen 1. Zum Handwerkszeug des Lagerschuppens gehören: eine Wrangel, eine Wrappel, eine Wrunzel, eine Wriggel, eine Wrompstel. In den Lagerschuppen ist die Finsternis ägyptisch. Selten gibt das Blech ein bisschen Eigenlicht, denn meist ist es von knallgelbem Rost bedeckt. Auch die eisenfressenden Spinnen leuchten meist nicht. …
Lagerschuppen 2. Im Lagerschuppen lehrt der Meister den Lehrling folgende Zangen kennen: Abisolierzange, Abmantelungszange, Auswuchtgewichtzange, Batteriezange, Beißzange, Bleirohraufweitzange, Bleirohrschneider, Blitzrohrzange, Bremsfederzange, Deckzange, Drahtseilschneider, Eckrohrzange, Falzzange, Flachzange, Gasrohrzange, Greifzange, Hammerzange, Justierzange, Kabelösenzange, Kabelschneider, Kerbzange, Kombizange, Konuszange, Mechanikerzange, Plombenzange, Rabitzzange, Radiozange, Revolverlochzange, Rundzange, Schmiedezange, Schrägschneider, Seegerringzange, Seitenschneider,

Standhahnmutternzange, Telefonzange, Ventilfederhebezange, Verdrahtungszange, Wasser-pumpenzange, Zwickzange. Für weitere Zangenbisse haben Arme und Beine des Lehrlings keinen Platz mehr. …

Das Verschlüsseln von Botschaften mittels Kombinatorik ist in einfachen Fällen ein Ersetzen von Buchstaben durch andere Buchstaben, durch Zahlen oder erfundene Zeichen. Im 15. und 16. Jahrhundert nutzten die eingangs erwähnten italienischen Baumeister *Leon Battista Alberti* und *Giovanni Battista Della Porta* Drehscheiben nach *Ramon Llull.* Kryptographie (altgriech. *kryptos,* verborgen, geheim, *graphein,* schreiben), die auf einfachen Ersetzungen beruht, ist jedoch nicht sicher. In jeder Sprache gibt es Buchstaben und Buchstabenfolgen (Silben, Bindewörter), die deutlich häufiger als andere, sowie solche, die überhaupt nicht vorkommen. Eine hinreichend lange Botschaft kann daher logisch erschließend entschlüsselt werden – dazu gleich mehr.

Literatur

Borges, J. L. (2013). *Die Bibliothek von Babylon.* Philipp Reclam jun.

Bryson, B. (1990). *Mother Tongue.* Penguin Books.

Dencker, K. P. (Hrsg.). (2002). *Poetische Sprachspiele.* Philipp Reclam jun.

Dencker, K. P. (2005). *Deutsche Unsinnspoesie.* Philipp Reclam jun.

Enzensberger, H. M. (2000). *Einladung zu einem Poesie-Automaten.* Suhrkamp.

Gumbrecht, H. U. (2003/1997). *1926. Ein Jahr am Rand der Zeit.* Suhrkamp.

Kraus, M. H. (2021a). *Eins, zwei, viele. Eine Kulturgeschichte des Zählens.* Springer.

Kraus, M. H. (2021b). *farben der verwirrung II.* BoD.

Köhler, P. (2015). *Augen durch und zu.* DTV.

Leuninger, H. (1998/1993). *Reden ist Schweigen, Silber ist Gold.* DTV.

Leuninger, H. (1996). *Danke und Tschüss fürs Mitnehmen.* Ammann.

Loriot. (1968). *Loriots Großer Ratgeber.* Diogenes.

Okopenko, A. (2008/1970). *Lexikon-Roman.* Deuticke/Zsolnay.

Piller, I. (1996). *American automobile names.* Die Blaue Eule.

Python Productions. (2017). *Monty python's flying circus. Complete and annotated.* Black Dog & Leventhal Publishers.

Rawlinson, G. E. (1976). *The significance of letter position in word recognition.* PhD Thesis, Psychology Department, University of Nottingham.

Seydel, H. (Hrsg.). (1969). *Alles Unsinn.* Eulenspiegel Verlag.

Sokal, A. D. (1996). Transgressing the boundaries: Towards a transformative hermeneutics of quantum gravity. *Social Text,* (46/47), 217–252.

Süskind, P. (1985/1994). *Das Parfüm.* Diogenes.

Thielicke, H. (1977). *Das Lachen der Heiligen und Narren.* Herder.

4.2   Zählen und Rechnen (Mathematik, Informatik)

Schlüsselwörter

Stellentafel – Dual-/Binär- und Dezimalsystem – Polyeder (Euler) – Informationstheorie (Shannon) – Schaltungen (Boole) – Kryptographie – Sortierung

Kombinatorik ist nicht nur irgendein Teilgebiet der Mathematik: Muster zeigen sich in vielen ihrer Grundlagen. *Binär-/Dualsystem* und das *Dezimalsystem* sind die wichtigsten Stellenwertordnungen. Die in der Grundschule gebräuchlichen Stellenwerttafeln erinnern an die seit Jahrtausenden benutzten Rechenbretter, die in Gestalt des *Abacus* teils heute noch genutzt werden. Im *Binär-/Dualsystem* zeigt sich ein Muster der Belegung; im *Dezimalsystem* wird von rechts nach links aufgefüllt (Abb. 4.2). Die Darstellung als Baum wiederum zeigt, wie die Erweiterung des Stellenumfangs in einer Stellenwertordnung auf die andere wirkt (Abb. 4.3). So muss nicht mehr mühsam umgerechnet werden. Schon die ersten Rechenmaschinen im 17./18. Jahrhundert zerlegten Rechenaufgaben mit mehrstelligen Zahlen, um einfache Teilaufgaben nacheinander abzuarbeiten. *Multiplikation* gelingt, indem jeder Einer, Zehner, Hunderter, ... der einen Zahl mit jedem Einer, Zehner, Hunderter, ... der anderen verrechnet und die Ergebnisse summiert werden (Abb. 4.4); darauf beruht auch das heute noch übliche schriftliche Verfahren.

Die Zahlen mit den vielen Einsen wurden hier nur gewählt, um zu zeigen, dass es auch in der Mathematik Palindrome gibt. Die Menge der natürlichen Zahlen bietet bis zur Zehn 9 davon (1, 2, 3, 4, 5, 6, 7, 8, 9), zwischen 10 und 100 weitere 9 (11, 22, 33, 44, 55, 66, 77, 88, 99), zwischen 100 und 1000 dann 90 (101, 111, ..., 989, 999) und von 1000 bis 10.000 weitere 90 (1001, 1111, ..., 9889, 9999). Und schon zeigt sich wieder ein Muster aus

$9 + 9 = 18$ Palindromen im Zahlenraum bis 100

$9 + 9 + 90 = 108$ Palindromen bis 1000,

$9 + 9 + 90 + 90 = 198$ Palindromen bis 10.000,

$9 + 9 + 90 + 90 + 900 = 1098$ Palindromen bis 100.000,

$9 + 9 + 90 + 90 + 900 + 900 = 1998$ Palindromen bis 1.000.000 und so fort.

Die ersten neun nur aus Einsen bestehenden Zahlen ergeben übrigens dies hier:

$1 \cdot 1 = 1^2 = 1$

$11 \cdot 11 = 11^2 = 121$

$111 \cdot 111 = 111^2 = 12.321$

$1111 \cdot 1111 = 1111^2 = 1.234.321$

$11.111 \cdot 11.111 = 11.111^2 = 123.454.321$

$111.111 \cdot 111.111 = 111.111^2 = 12.345.654.321$

$1.111.111 \cdot 1.111.111 = 1.111.111^2 = 1.234.567.654.321$

$11.111.111 \cdot 11.111.111 = 11.111.111^2 = 123.456.787.654.321$

$111.111.111 \cdot 111.111.111 = 111.111.111^2 = 12.345.678.987.654.321$

Einmal mehr ist die Zerlegung in *Primfaktoren* sinnvoll (siehe oben); sie verhilft zu den kleinsten gemeinsamen Vielfachen und größten gemeinsamen Teilern (Abb. 4.5): Gleiche Faktoren werden in eine Spalte geschrieben; das k. g. V. ergibt

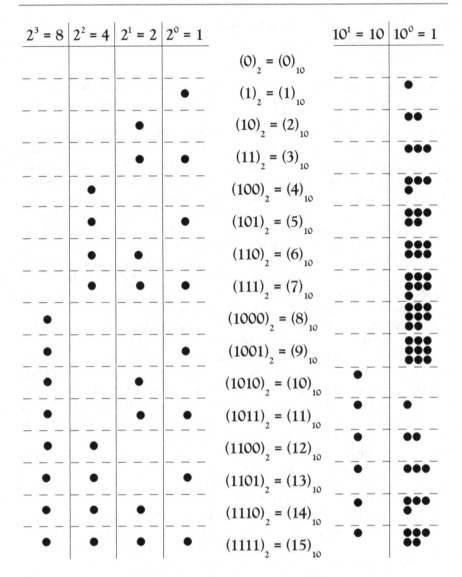

Abb. 4.2 Stellenwerttafeln für das Binär-/Dualsystem und das Dezimalsystem

sich aus den Faktoren aller Spalten, der g. g. T. nur aus denen der vollen Spalten. Die Produkte der Zahlen selbst sowie ihres k. g. V. und g. g. T. müssen übereinstimmen (Probe!) Die Darstellung zeigt den Zahlenraum aus *Binär-* und *Ternärpotenzen* (2^n, 3^n) der ersten beiden Primzahlen; hier bilden die Zahlen mit ihrem k. g. V. und g. g. T. die Ecken eines Rechtecks. Jeder weitere Primfaktor erfordert eine weitere Ausdehnung: Der Zahlenraum bis 10 hätte die nur noch bedingt anschauliche *Dimensionalität* D_4, da die *Quinär-/Pental-* und *Heptalpotenzen* (5^n, 7^n)

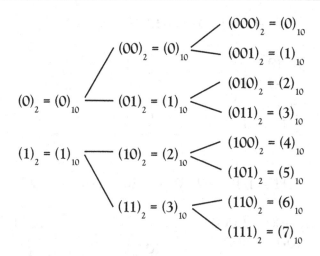

Abb. 4.3 Zusammenhang zwischen Binär-/Dualsystem und Dezimalsystem

gebraucht würden. Der Zahlenraum bis 100 erfordert D_{25} (es gibt 25 Primzahlen bis 100).

Ein gutes Beispiel für die Bedeutung einschränkender Rahmenbedingungen ist der Zusammenhang von Ecken, Kanten und Flächen bei *Polyedern* (altgriech. *polyhedros*, vieleckig). Dies sind Körper, die ausschließlich von ebenen Flächen gebildet werden. Die bekannteste Fassung gilt in der „Euklidischen Welt" *(Dimensionalität D_3)* und stammt von *Leonhard Euler* (Abb. 4.6). Die Gleichung wird offenkundig von sehr, vermutlich unendlich, vielen natürlichen Zahlen E, K, F erfüllt. Doch nicht aus allen diesen Zusammenstellungen *(Tripel)* lassen sich Körper erzeugen, denn es gibt Bedingungen:

- Jeder Körper hat mindestens vier Ecken ($E \geq 4$); die Eckpunkte dürfen nicht alle in einer Ebene liegen.
- Jede Ecke wird von mindestens drei Flächen gebildet.
- Jeder Körper hat mindestens vier Flächen ($F \geq 4$).
- Jede Kante wird von genau 2 Flächen gebildet, verbindet also in zwei Ecken.
- Jeder Körper hat mindestens sechs Kanten ($K \geq 6$).
- Jede Fläche wird begrenzt von mindestens 3 Kanten, endet also in mindestens 3 Ecken.

Der einfachste Körper ist also das Tetraeder, allgemein die Pyramide mit dreieckiger Grundfläche ($4+4=6+2$). Einen Körper mit fünf Ecken, vier Flächen und sieben Kanten ($5+4=7+2$) gibt es genauso wenig wie einen mit vier Ecken, fünf Flächen und sieben Kanten ($4+5=7+2$), obwohl die Gleichung jeweils erfüllt wird. Erst der nächste Versuch liefert die Pyramide mit viereckiger Grundfläche ($5+5=8+2$), einen darstellbaren Körper. Es wurden seither zahlreiche

$$11 \cdot 11 = 1 \cdot 10^2 + 2 \cdot 10^1 + 1 \cdot 10^0 = 121$$

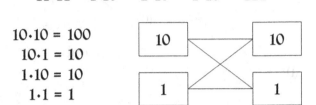

$$10 \cdot 10 = 100$$
$$10 \cdot 1 = 10$$
$$1 \cdot 10 = 10$$
$$1 \cdot 1 = 1$$

$$11 \cdot 111 = 1 \cdot 10^3 + 2 \cdot 10^2 + 2 \cdot 10^1 + 1 \cdot 10^0 = 1.221$$

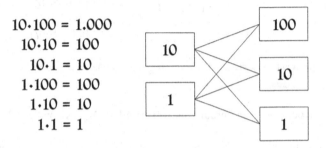

$$10 \cdot 100 = 1.000$$
$$10 \cdot 10 = 100$$
$$10 \cdot 1 = 10$$
$$1 \cdot 100 = 100$$
$$1 \cdot 10 = 10$$
$$1 \cdot 1 = 1$$

$$111 \cdot 111 = 1 \cdot 10^4 + 2 \cdot 10^3 + 3 \cdot 10^2 + 2 \cdot 10^1 + 1 \cdot 10^0 = 12.321$$

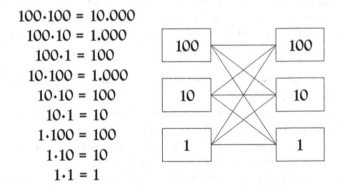

$$100 \cdot 100 = 10.000$$
$$100 \cdot 10 = 1.000$$
$$100 \cdot 1 = 100$$
$$10 \cdot 100 = 1.000$$
$$10 \cdot 10 = 100$$
$$10 \cdot 1 = 10$$
$$1 \cdot 100 = 100$$
$$1 \cdot 10 = 10$$
$$1 \cdot 1 = 1$$

Abb. 4.4 Kombinatorische Multiplikation

entzückende Gebilde erdacht, etwa das *Pentagonhexakontaeder* aus Fünfecken $(92 + 60 = 150 + 2)$. Einige solcher Körper erinnern nicht zufällig an geschliffene Edelsteine, andere, insbesondere mit sehr vielen Flächen, ähneln aus der Entfernung Kugeln. Tatsächlich werden von Grafikprogrammen Kreise nicht selten mit *Polygonen* und Kugeln mit *Polyedern* modelliert; entsprechende raumzeitliche Gebilde heißen *Polychore*.

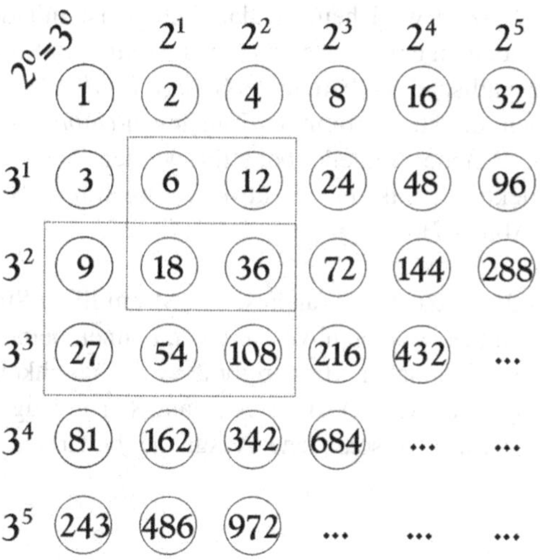

$$2^0=3^0 \quad 2^1 \quad 2^2 \quad 2^3 \quad 2^4 \quad 2^5$$

①   ②   ④   ⑧   ⑯   ㉜

3^1 ③   ⑥   ⑫   ㉔   ㊽   ⑨⑥

3^2 ⑨   ⑱   ㊱   ⑫   ⑭④   ⑧⑧

3^3 ㉗   ⑤④   ⑩⑧   ㉑⑥   ④㉜   …

3^4 ⑧①   ⑯②   ③④②   ⑥⑧④   …   …

3^5 ②④③   ④⑧⑥   ⑨⑦②   …   …   …

$$12 = 2 \cdot 2 \cdot 3$$
$$\underline{18 = 2 \cdot \quad 3 \cdot 3}$$
$$\text{k.g.V.} = 2 \cdot 2 \cdot 3 \cdot 3 = 36$$
$$\text{g.g.T.} = 2 \cdot \quad 3 \quad = 6$$

$$12 \cdot 18 = 36 \cdot 6$$

$$27 = 3 \cdot 3 \cdot 3$$
$$\underline{36 = 3 \cdot 3 \cdot \quad 2 \cdot 2}$$
$$\text{k.g.V.} = 3 \cdot 3 \cdot 3 \cdot 2 \cdot 2 = 108$$
$$\text{g.g.T.} = 3 \cdot 3 \quad\quad = 9$$

$$27 \cdot 36 = 108 \cdot 9$$

Abb. 4.5 Zahlenraum aus Primfaktoren mit k. g. V. und g. g. T.

Zahl der Ecken + Zahl der Flächen = Zahl der Kanten + 2

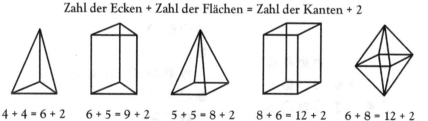

4 + 4 = 6 + 2   6 + 5 = 9 + 2   5 + 5 = 8 + 2   8 + 6 = 12 + 2   6 + 8 = 12 + 2

Abb. 4.6 Die Euler-Beziehung für Polyeder mit den fünf einfachsten Beispielen

Das *Binär-/Dualsystem* wird heute gedanklich meist mit der Informatik verbunden. Deren Grundlagen entstanden, als die Nutzung von Strom noch nicht weit verbreitet war. Der englische Mathematiker *George Boole* (*1815, †1864) befasste sich mit Schaltungen, die aus bestimmten Eingängen *(input)* bestimmte Ausgänge *(output)* erzeugen. Welche Bauteile benötigt werden, lässt sich einschlägigen Lehrwerken der Elektrotechnik und Elektronik entnehmen. Spannender sind die Zusammenhänge (Abb. 4.7):

- Es gibt stets nur $2^1 = 2$ Zustände (an/aus, 0/1, Strom fließt/Strom fließt nicht).
- Führt jeder Eingang (x) zu einem Ausgang (y), können beide verschaltet jeweils ebenfalls zwei Zustände haben; dies ergibt $2^2 = 4$ Möglichkeiten.
- Sollen zwei Eingänge (x_1, x_2) einen Ausgang (y) erzeugen, können jeweils gleiche Eingänge zwei verschiedene Ausgänge bewirken; dies ergibt $2^3 = 8$ Möglichkeiten.

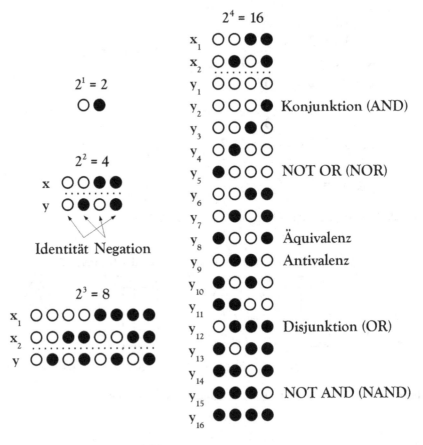

Abb. 4.7 Boole-Logik und Dual-/Binärsystem

- Daraus ergibt sich die Gesamtheit aller Schaltungen, die aus zwei Eingängen einen Ausgang erzeugen: Von den $2^4 = 16$ Möglichkeiten werden die
bezeichneten sechs oft in Lehrwerken erwähnt; die erste und letzte deuten eher
auf eine überbrückte Schaltung.

Dieser Gedankengang ergibt, von der einzelnen Schaltung auf eine Maschine
(Black Box) im weitesten Sinn übertragen, nicht ganz ernst gemeint mehrere Fälle:
Eine *Trivial Machine* ist an (im wörtlichen Sinn) berechenbaren Beziehungen
zwischen Eingängen und Ausgängen zu erkennen: Sie macht, was von ihr
erwartet wird (Abb. 4.8). Eine *Non-trivial Machine* kann hingegen mit Zufalls-
entscheidungen oder Mehrdeutigkeiten arbeiten: Ein bestimmter Eingang bewirkt
bei Wiederholung ganz unterschiedliche Ausgänge, so dass nie sicher ist, was als
nächstes geschieht. Oder unterschiedliche Eingänge bewirken immer wieder den
gleichen Ausgang; alles wird gleichgeschaltet. *Umberto Eco* gesellte zu diesen in
The WOM (1993) zwei weitere: Die *Without Input Machine* WIM erzeugt Ergebnisse aus sich selbst, ohne Einwirkungen der Umwelt zu nutzen (oder gar wahrzunehmen); die *Without Output Machine* WOM vermag alles in sich aufzunehmen,

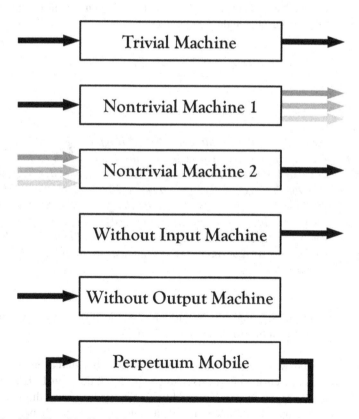

Abb. 4.8 „Maschinen" im Vergleich

ohne jemals etwas abzugeben. Beispiele für die Erstere wäre Gott und für die
Letztere ein schwarzes Loch (wobei man selbst dieses an seiner Wirkung erkennt).
Eine Maschine, die ausschließlich die eigenen Ausgänge als Eingänge nutzt, ist
ein *Perpetuum Mobile* (lat. sich ständig Bewegendes).

Der US-amerikanische Informatiker und Ingenieur *Claude Shannon* (*1916,
†2001) kannte die *Boole-Logik;* er veröffentlichte nach dem II. Weltkrieg seine
Informationstheorie. Ursprünglich wollte er Nachrichtenübertragungen unter
schwierigen Bedingungen (Senderausfall, Stromschwankungen, Störsender,
Beschuss) absichern. Dazu gehört nicht nur, dass nicht-befugte Dritte eine
Nachricht nicht erhalten, zumindest nicht verstehen dürfen; auch Ver- und Entschlüsselung oder Übertragung können fehler- und lückenhaft sein: Wie viele
Mängel sind zu verkraften, bis eine Nachricht nicht mehr verständlich ist? Wie
kann sie verdichtet werden, um sie mit geringstmöglichem Aufwand zu über-
tragen? Information (lat. *informare,* bilden, befähigen, unterrichten) bezeichnet
Neues, das Entscheidungen auslöst, Veränderungen bewirkt. Hohe Sicherheit,
gar Gewissheit, dass ein Zustand eintritt ($p_I = 100\,\%$), bringt keine Information
($I = 0$); Unsicherheit ($p_I = 0\,\%$) hingegen höchstmögliche Information ($I = 1$).
Informationsentropie S_I (griech. *entropia,* Wendung) ist gering bei höchster
Sicherheit und hoch bei geringster Sicherheit. Im Übrigen gilt in einem *Binär-/
Dualsystem* mit zwei Zuständen die bekannte Gleichung

$$S_I = -\sum_{i=1}^{n}\sum_{0}^{1} p_l \cdot log_2 p_i$$

Beispiel
*Ein Speicherbaustein (array) mit einer Stelle trägt ein Bit Information,
wenn beide Zustände unter den jeweiligen Umständen gleich wahrscheinlich sind (50 %/50 %). Verschiebt sich dieses Verhältnis, sinkt der Wert über
0,97 bit (40 %/60 %), 0,88 bit (30 %/70 %), 0,72 bit (20 %/80 %), 0,47
bit (10 %/90 %) auf 0,08 bit (1 %/99 %). Ist der Wert aller Stellen eines
Speichers im Voraus bekannt, trägt dieser im wissenschaftlichen Sinn gar
keine Information – ebenso, wenn vom Zustand einer Stelle hinreichend
sicher auf deren nächsten Zustand oder den Zustand einer benachbarten
Stelle geschlossen werden kann.*

Die Ver- und Entschlüsselung von Nachrichten wurde bisher nur erwähnt; hier
folgen einfache, auf Kombinatorik beruhende Verfahren:

- Jeder Buchstabe wird (etwa mittels einer Drehscheibe) durch einen anderen
  ersetzt. Bei einer Schrittweite (Versetzung) von 5 würde A zu F, B zu G und
  so fort (das war schon in der Antike üblich). Sind jedoch etwa die häufigsten
  Buchstaben erkannt, kann auch der Rest gelesen werden: Sicherer ist es,

mehrfach hintereinander mit verschiedenen Versetzungen zu verschlüsseln (wie in den Chiffriermaschinen der beiden Weltkriege).

- Die Zeichenkette wird „fehlgeordnet" zu einem *Anagramm* (beliebt im 17. und 18. Jahrhundert). Dieses liefert zwar die richtige, aber auch mehrere irreführende Zeichenketten. Doppelbuchstaben oder häufige Buchstaben mindern die Sicherheit.
- Jeder Buchstabe wird in einen *Binärcode* übersetzt. Mit einem 5-Bit-Code ($2^5 = 32$ Zeichen) wird A zu 00001, B zu 00010 und so fort. Die Zeichenkette wird mit einer ebensolchen, aber zufällig erzeugten, verrechnet: $0 \times 0 = 1$; $1 \times 1 = 1$; $0 \times 1 = 0$; $1 \times 0 = 0$.
- Die Nachricht wird mit einer *Matrix* verschlüsselt (ein Beispiel sind die in Strafanstalten seit Langem üblichen Klopfzeichen):
  A: 45, B: 46, C: 47, D: 48, E: 49
  F: 35, G: 36, H: 37, I: 38, J: 39
  K: 25, L: 26, M: 27, N: 28, O: 29
  P: 15, Q: 16, R: 17, S: 18, T: 19
  U: 05, V: 06, W: 07, X: 08, Z: 09

Beispiel

Die Mitteilung, man wolle sich am Montag um 8 Uhr am Hauptbahnhof treffen, wird zunächst zu TREFF MO ACHT HBF verkürzt. Dies ergibt mit dem ersten Verfahren – bei einmaliger Versetzung um 5 – YWJKKRTFHMYMGK. Das zweite Verfahren erlaubt zu wählen zwischen BRAFF FOCHT FEHM, BAFF FORMT HECHT oder gar CHEF FORM TAFT-BH. Beim dritten Verfahren ergeben das Umwandeln in
1010010010001010011000110011010111100001000110100010100010000001000110
und das Anwenden eines Zufallsschlüssels wie
0001011101010110101011110101011010101010101101101110100100001010101010110
die Nachricht
01001100001000110011001001100111010010110101001010011111100101011101111.
Das vierte Verfahren liefert 19 17 49 35 35 27 29 45 47 37 19 37 46 35.

Ein Standardproblem des Maschinenrechnens ist das Sortieren. Große Datensätze wären sinnlos, gestaltete sich Suchen und Ordnen so mühselig wie in der Zeit der Karteikarten (wobei diese, ist der Bestand nicht allzu groß, bei Stromausfall noch nutzbar bleiben). Sortieren erfordert wie jede mehrteilige rechnerische Aufgabe einen *Algorithmus* – benannt nach dem arabischen Mathematiker *Abdallah Muhammad Ibn Musa*, genannt *Al-Chwarizmi* (*780?, †835–850). Das ist eine Abfolge von Verrichtungen zum Erfüllen einer bestimmten Aufgabe, wie dieser Ablaufplan zum Sortieren (Ordnen) einer Zeichenkette (Liste) (Abb. 4.9):

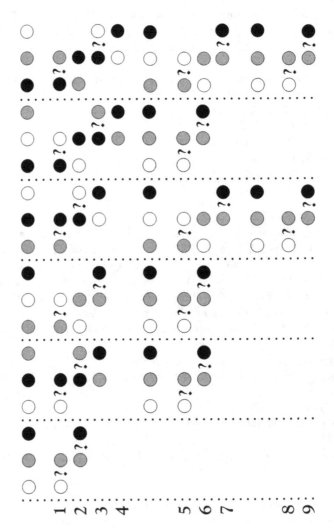

Abb. 4.9   Sortieren durch paarweises Vergleichen und Vertauschen

(1) Die Zeichenkette darf nicht verzweigt sein; Anfang (vorn/links/oben) und Ende (hinten/rechts/unten) sind festgelegt. Jedes Zeichen muss anhand eines festgelegten Merkmals zweiwertig von allen anderen Zeichen unterschieden werden können.

(2) Vorn/links/oben beginnend werden die Zeichen paarweise verglichen – das erste mit dem zweiten, das zweite mit dem dritten und so fort bis hinten/rechts/unten.

(3a) Erweist sich die Zeichenkette dabei als geordnet, endet der Vorgang.

(3b) Haben zwei benachbarte Zeichen nicht die geforderte Reihenfolge, werden beide vertauscht und weiter paarweise verglichen: Das gerade nach hinten/rechts/unten getauschte Zeichen wird mit dem nächsten verglichen und so fort – weiter mit (**4**).

(4) Wurde mindestens ein Paar von Zeichen vertauscht, folgt ein Prüfdurchlauf – weiter mit (**2**) und (**3a**) oder (**3b**).

Eine Kette/Liste aus n Zeichen kann n! verschiedene Reihenfolgen haben; jeder Durchlauf erfordert $(n-1)$ Vergleiche. Besonders viele Vertauschungen und Durchläufe sind bei besonders „fehlgeordneten" Reihenfolgen nötig. Nachteilig ist auch die Arbeitsrichtung: Erscheinen nur wenige Fehlplatzierungen, und dies in der Nähe des Anfangs, sind weniger Vertauschungen und Durchläufe erforderlich als bei einer Verteilung von Fehlplatzierungen über die gesamte Reihenfolge oder einer Häufung am Ende. In letzteren Fällen „wandern" die Vertauschungen im Lauf des Verfahrens; dieses verlängert sich entsprechend. Leistungsfähigere Verfahren nutzen die Spaltung der ursprünglichen Liste in Teillisten, die jeweils geordnet und dann zusammengefügt werden, oder wechselweisen Vergleich der Zeichen vom Anfang und vom Ende her (Stichworte *Bubble Sort, Heap Sort, Merge Sort, ...*).

4.3 Stoffe und ihre Wandlung (Chemie)

Schlüsselwörter

Säuren, Basen, Salze: Neutralisation – Kohlenstoff-Verbindungen: Homologie und Isomerie – Wasserstoff-Deuterium-Austausch

Chemie und Kombinatorik gehörten immer zusammen. Die wissenschaftlichen Grundlagen entstanden vor allem im 18. und 19. Jahrhundert: Welche Stoffe verbinden sich miteinander, was ist daraus zu lernen? Zunächst galt es zu lernen, welche der alltäglichen und natürlichen Stoffe rein und welche gemischt vorkamen, welche der Ersteren sich entweder in andere spalten oder mit weiteren verbinden, und welche der Letzteren sich in reine Stoffe auftrennen ließen. Kombinatorik ist im Bau der Atome angelegt: Auf den verschiedenen Energieniveaus gibt es nur eine bestimmte Zahl von Elektronen; Zufuhr von Energie kann sie stets nur auf bestimmte andere Energieniveaus befördern. Von dort

gelangen sie wieder zurück, indem sie Strahlung einer ganz bestimmten Wellen-
länge abgeben. Daraus ergibt sich unter anderem, welche Atome sich mit welchen
anderen verbinden. Das Universum ist (auch) wie ein großer Baukasten. Von den
heute angeblich >100.000.000 beschriebenen Verbindungen entstanden viele in der
Moderne durch gezielte Versuche. *Kombinatorische Chemie* wird seit etwa 40
Jahren vor allem in der Pharmazeutischen Industrie betrieben: Statt nur A + B
→ AB anzusetzen, spart es viel Zeit und Geld, mehrere ähnliche Verbindungen
zu wählen (A_1, A_2, A_3 statt A und B_1, B_2, B_3 statt B); Kleinstmengen werden mit
Syntheseautomaten und Pipettierrobotern verarbeitet, Analysentechnik erledigt
den Rest: Einer der Ansätze A_1 + B_1 → AB_{11}, A_1 + B_2 → AB_{12}, A_1 + B_3 →
AB_{13}, ..., A_3 + B_1 → AB_{31}, A_3 + B_2 → AB_{32}, A_3 + B_3 → AB_{33} enthält gewiss das
Gewünschte.

Wandlungen von Stoffen gezielt zu bewirken ist nach wie vor eine Ver-
bindungskunst. Stoffe wandeln sich, indem sich Teilchen *(Atome, Ionen,
Moleküle)* eines Stoffs mit den Teilchen eines anderen in bestimmten ganzzahligen
Verhältnissen verbinden. Dies wird angezeigt durch die Wertigkeit: Ein zwei-
wertiges Atom (oder Ion) bindet zwei einwertige, ein dreiwertiges drei einwertige
und so fort. Vor allem die Chemie der Ionen erscheint oft baukastenartig, wie im
Fall der *Neutralisation:* In wässrigen Lösungen spalten sich Säuren und Basen
in gegensätzlich geladene Ionen *(Kationen, Anionen);* diese verbinden sich beim
Verdunsten des Wassers entsprechend ihrer Wertigkeiten zu Salzen (Abb. 4.10).
Dabei sind in jeder Lösung, in jedem Salzkristall die Ladungen ausgeglichen;
es gibt von jeder Art gleich viele. Was aber im Einzelfall entsteht, ist abhängig
von den Mengenverhältnissen und der Löslichkeit. Beim Verdunsten von Meer-
wasser sinken zuerst schwerlösliche Salze und Verunreinigungen nach unten;
dann kristallisieren mit Salze mittlerer Löslichkeit, wie Kochsalz (Natriumchlorid
NaCl). Im Überstand verbleiben die am leichtesten löslichen. Was aber auch
immer entsteht – in jedem Kristall eines jeden Salzes sind die Ionen in einem der
hier gezeigten Verhältnisse verbunden. Dass in den Zwischenräumen der Kristalle
einiger Salze Wasser eingelagert wird, hat lediglich mit den Größenverhältnissen
der Ionen zu tun.

Abb. 4.10 Neutralisation als Zusammenstellung von Ionen

	Säurelösung	Basenlösung (Lauge)
	$HX \rightleftharpoons H^+ + X^-$	$MOH \rightleftharpoons M^+ + OH^-$
	$H_2X \rightleftharpoons 2\,H^+ + X^{2-}$	$M(OH)_2 \rightleftharpoons M^{2+} + 2\,OH^-$
	$H_3X \rightleftharpoons 3\,H^+ + X^{3-}$	$M(OH)_3 \rightleftharpoons M^{3+} + 3\,OH^-$

Kationen		M^+	M^{2+}	M^{3+}	Anionen
Na^+, K^+, ...	X^-	MX	MX_2	MX_3	NO_3^-, Cl^-, ...
Ca^{2+}, Mg^{2+}, ...	Y^{2-}	M_2Y	MY	M_2Y_3	CO_3^{2-}, SO_4^{2-}, ...
Al^{3+}, Fe^{3+}, ...	Z^{3-}	M_3Z	M_3Z_2	MZ	PO_4^{3-}, ...

Salz als Feststoff (Ionenkristall)

Organische Chemie umfasst die Kohlenstoffverbindungen. Die Atome des Kohlenstoffs (C) vermögen sich vielfältig aneinander zu binden – zu Ketten, Ringen oder Netzen. Dies vermögen sonst, aber in geringerem Ausmaß, Silicium (Si), Schwefel (S) oder Phosphor (P). Kohlenstoff ist vierwertig, kann also vier bindende Elektronen bieten, etwa dem zweiwertigen Sauerstoff (O) oder dem einwertigen Wasserstoff (H). Aus diesen Angaben lassen sich auf dem Papier mehrere Verbindungen mit höchstens einem C-Atom ableiten (Abb. 4.11). Doch einmal mehr zeigt sich hier, dass Kombinatorik nur hilft, wenn alle Gesetzmäßigkeiten und Rahmenbedingungen bekannt sind. Zwar werden neun Verbindungen gefunden, die es tatsächlich gibt (schwarz), doch auch vier, die sich nicht herstellen lassen (grau, links unten): Verbindungen mit mehr als einer OH-Gruppe an einem C-Atom sind nicht beständig und zerfallen unter Abspaltung von Wasser, darunter auch die „Kohlensäure" *(Erlenmeyer-Regel)*. Zwei weitere hingegen (grau, recht unten) werden nicht gefunden: Kohlenmonoxid und Ozon zeigen besondere Bindungsverhältnisse („Zwitter-Ionen"), die sich aus den Wertigkeiten nicht ohne Zusatzwissen ergeben.

Dass sich C-Atome leicht aneinander binden, beschert dem Fachgebiet zwei Besonderheiten (Abb. 4.12): Es gibt *homologe* (griech. *homos,* gleich, *logos,* Lehre, Sinn) und *isomere* (altgriech. *isos,* gleich, *meros,* Anteil, Stück) Verbindungen.

Erstere sind Stoffklassen, in denen von Verbindung zu Verbindung eine bestimmte Gruppe von Atomen im Molekül hinzukommt (bei den einfachen

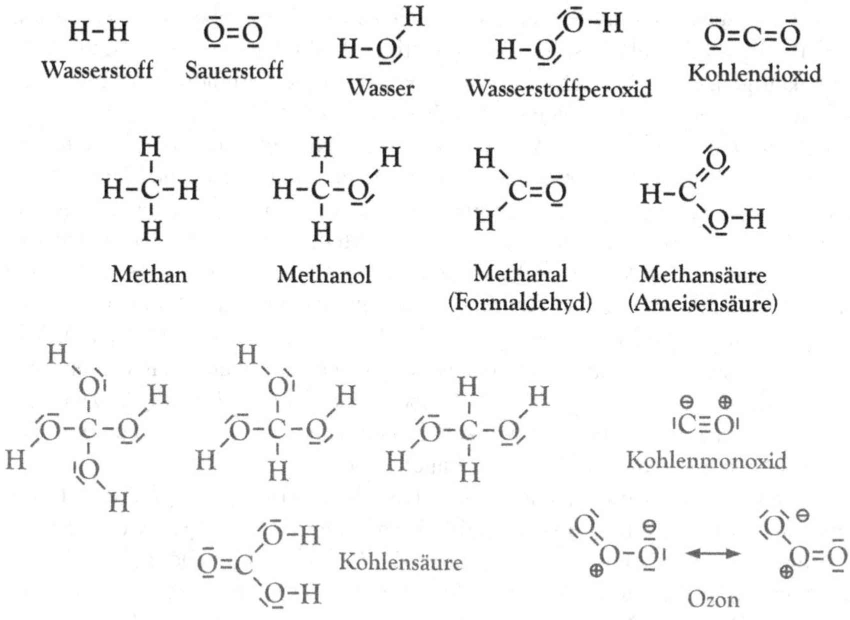

Abb. 4.11 Herleitung einfacher Verbindungen durch Kombinatorik.

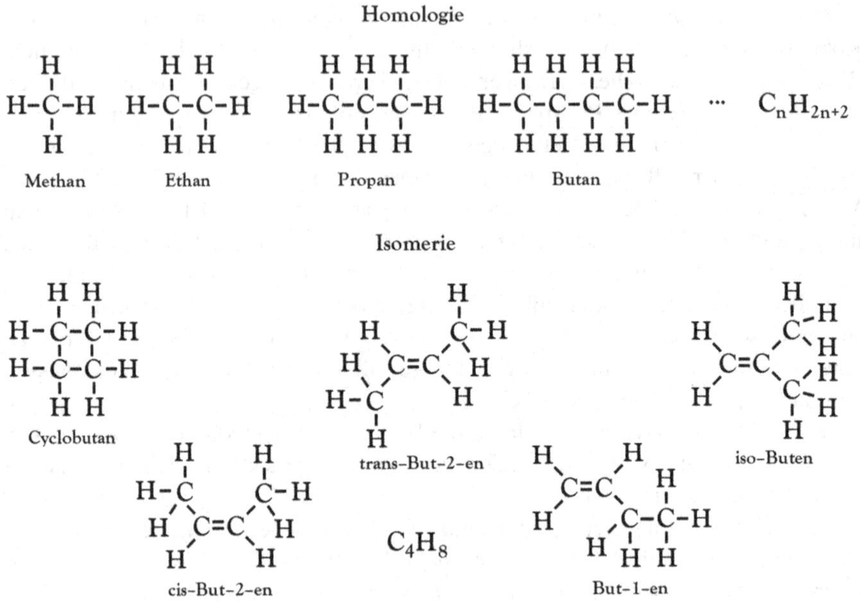

Homologie

$$\begin{matrix} & H & & H & H & & H & H & H & & H & H & H & H \\ & | & & | & | & & | & | & | & & | & | & | & | \\ H-&C&-H & H-&C&-&C&-H & H-&C&-&C&-&C&-H & H-&C&-&C&-&C&-&C&-H & \cdots & C_nH_{2n+2} \\ & | & & | & | & & | & | & | & & | & | & | & | \\ & H & & H & H & & H & H & H & & H & H & H & H \end{matrix}$$

Methan   Ethan   Propan   Butan

Isomerie

Abb. 4.12 Homologie und Isomerie von Kohlenwasserstoffen im Vergleich

Kohlenwasserstoffen -CH_2-). Dabei ändern sich die Eigenschaften allmählich (so steigen die Schmelz- und Siedepunkte sowie die Dichten), aber nicht grundsätzlich: Brennen beispielsweise die kürzerkettigen Verbindungen, brennen auch die längerkettigen, sind aber schwerer entflammbar. Diese Verbindungen haben eine *allgemeine Summenformel*, eine Art von Bildungsvorschrift.

Letztere haben die *gleiche Summenformel;* sie können, müssen aber nicht, zur gleichen Stoffklasse gehören, und zeigen oft deutlich unterschiedliche Eigenschaften. Mit der Zahl der Atome und ihrer Bindungsmöglichkeiten wächst die Häufigkeit von Isomeren. Das erklärt, warum Methan, Ethan, Propan keine Isomere bilden: Die Moleküle sind zu klein, sie haben zu wenige Atome. Isomere sind nur möglich, wenn die C-Atome sich in mehr als einer Anordnung aneinander binden können. Dies ist ab dem nächsten Alkan möglich (Butan C_4H_{10}). Isomerie lässt sich für vielatomige Moleküle schwer errechnen, weil es sehr viel abgewandelt werden kann: Einzel-, Doppel- oder Dreifachbindungen zwischen C-Atomen sind ebenso möglich wie ketten- oder ringförmige Moleküle; zwischen ihnen können insbesondere O-Atome eingefügt sein.

Die Zahl Sechs wurde schon erwähnt (Braille-Schrift, I Ging, Würfel). In der Organischen Chemie ist die ringförmige Verbindung Benzol C_6H_6 wichtig: Jedes C-Atom gibt ein Elektron in die Mitte des Moleküls, das dadurch besondere Bindungsfähigkeiten erhält und in viele andere Stoffe umgewandelt werden kann. So ist der Wasserstoff durch Chlor (Cl) ersetzbar *(Substitution)*. Allerdings entstehen durch diesen Wechsel an sechs Stellen nicht $2^6 = 64$ neue Verbindungen;

es ist „nur" ein Dutzend, wobei die Di-, Tri- und Tetrachlorbenzole jeweils zueinander Isomere sind (Abb. 4.13). Moleküle sind frei beweglich, und im Benzol ist zunächst jedes C-Atom gleichwertig; die „ortsfeste" Braille-Schrift hingegen unterscheidet oben/unten und rechts/links. Die Untersuchung von *Symmetrie* mit *Kombinatorik* – zunächst zur Beschreibung von Molekülen und Kristallen – wurde im 20. Jahrhundert zu einem eigenen Fachgebiet. *Stereoisomerie* (griech. *stereos,* fest, übertragen: räumlich) etwa entsteht, wenn ein C-Atom an vier verschiedene Atome oder Atomgruppen gebunden ist: Sogar spiegelbildlich gleiche Moleküle gehören dann zu unterschiedlichen Verbindungen!

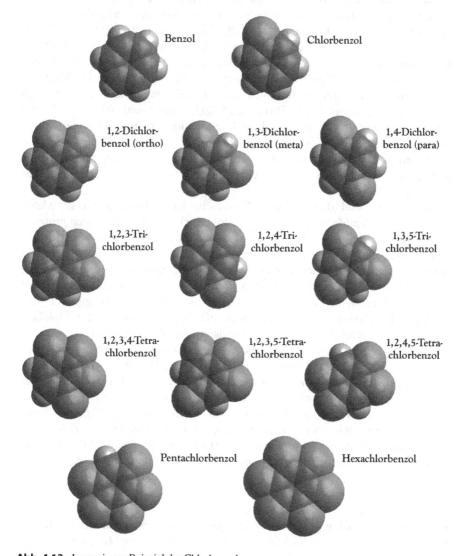

Abb. 4.13 Isomerie am Beispiel der Chlorbenzole

Lebenswichtige Kohlenstoff-Verbindungen umfasst die Stoffgruppe der natürlichen Fette und Öle. Sie sind Ester – Verbindungen des dreiwertigen Alkohols Glycerin mit Fettsäuren. Von Letzteren gibt es einige Dutzend; oft genannt werden gesättigte (ausschließlich mit Einfachbindungen zwischen den Kohlenstoff-Atomen) wie *Myristinsäure, Palmitinsäure* oder *Stearinsäure* oder ungesättigte (mit Doppelbindungen) wie *Ölsäure, Linolsäure* oder *Linolensäure*. Tierische Fette enthalten meist gesättigte Fettsäurereste und sind daher im wörtlichen Sinne mit Vorsicht zu genießen. Natürliche Fette und Öle sind ferner meist Gemische, deren Bestandteile zudem verschiedene Fettsäurereste in einem Molekül enthalten. Und so entsteht die Vielfalt dieser Stoffgruppe: Glycerin hat drei benachbarte Bindungsstellen, von denen die beiden äußeren gleichwertig sind. Es kann also drei verschiedene Fettsäurereste A, B, C in diesen 18 Reihenfolgen binden: AAA, AAB, ABA, ABB, BAB, BBB, AAC, ACA, ACC, CAC, CCC, ABC, ACB, BAC, BBC, BCB, BCC, CBC. Stehen beispielsweise nicht nur drei, sondern zehn verschiedene Fettsäuren zur Verfügung, gibt es zunächst wie gezeigt 120 Möglichkeiten, aus diesen drei auszuwählen; und so können zumindest rechnerisch $18 \times 120 = 2160$ verschiedene Fettsäure-Moleküle entstehen! Wie gesund oder schädlich der Verzehr ist, wird im Einzelfall allerdings bestimmt von den alltäglichen Ernährungsgewohnheiten, eventuellen erblichen Vorbelastungen oder von der Lagerung und Zubereitung der Lebensmittel. Dass es auch weiterhin Debatten über die Ernährung geben wird, ist sicher – und das hier ist nur eine der wichtigen Stoffgruppen …

Eine andere sind die aus etwa 20 verschiedenen *Aminosäuren* gebildeten Eiweißstoffe – *Peptide* (griech. *peptikos*, verdaubar) und *Proteine* (griech *proteios*, grundlegend). Peptide bestehen aus <100 Aminosäureresten, Proteine aus deutlich mehr. Zahlreiche Wirkstoffe im Körper sind Peptide; Gewebe, Haare, Federn und Horn bestehen aus Proteinen. Die Zusammensetzung bestimmt die Eigenschaften, insbesondere die Abfolge der Aminosäurereste *(Sequenz, Primärstruktur)* und die räumlich-zeitliche Gestalt *(Sekundär-/Tertiärstruktur):* Abhängig von den Bedingungen (Konzentration, Temperatur, pH-Wert, …) formen die Moleküle unterschiedliche Gebilde – Spiralen, Faltblätter, Knäule. Dies ist maßgeblich für die vielfältigen Wirkungen im Organismus. Seit fast 100 Jahren ist bekannt, dass an O-, S- oder N-Atome gebundene H-Atome gegen Deuterium (D) austauschbar sind *(hydrogen-deuterium exchange HDX)*. H-Atome haben im Kern außer dem Proton nur ein Neutron, D-Atome deren zwei, sie sind *Isotope;* Deuterium bindet sich etwas fester. So wird das Molekül schwerer (ein D-Atom ist etwa doppelt so schwer wie ein H-Atom). Seit über 30 Jahren wird HDX vor allem mit der *Massenspektrometrie* (MS) anhand der Masse verfolgt. Die Zahl n_{XH} der austauschbaren H-Atome *(exchangeable hydrogen XH)* ist abhängig von den Aminosäure-Resten:

- *Prolin* hat keines,
- *Glycin, Alanin, Valin, Isoleucin, Leucin, Methionin, Phenylalanin* haben eines,
- *Serin, Threonin, Cystein, Asparaginsäure, Glutaminsäure, Histidin, Tyrosin, Tryptophan* haben zwei,

- *Asparagin, Glutamin, Lysin* haben drei und
- *Arginin* hat gar fünf; dazu kommen zwei am N-Terminus, eines am C-Terminus (Abb. 4.14).

HDX schafft eine Zweiwertigkeit, die an die Elektronik erinnert: Die betreffenden Bindungen sind mit H- oder D-Atomen besetzt ($n_{XH} = n_H$ vor dem Austausch, $n_{XH} = n_H + n_D$ während des Austauschs, $n_{XH} = n_D$ nach vollständigem Austausch). HDX geschieht schnell und vollständig bei schwachen Strukturen, langsamer und unvollständig bei festen oder vielfältigen Strukturen. Einerseits erscheinen zumindest zeitweilig Moleküle gleichen Austauschgrades, also gleicher Masse,

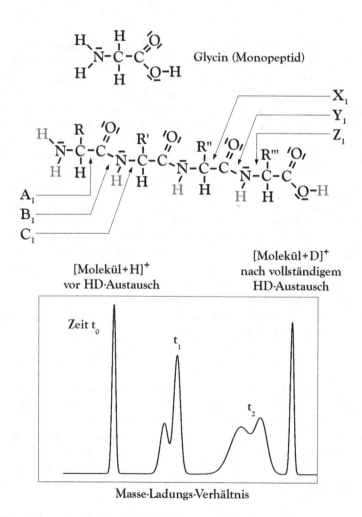

Abb. 4.14 HD-Austausch an Peptid-Molekülen.

die aber D-Atome an unterschiedlichen Stellen tragen (Gl. 3.2 und 3.3). Mit dem Pascalschen Dreieck lässt sich nachvollziehen, dass es um einen Austauschgrad von 50 % herum die meisten dieser *Isomere* gibt:

$$\frac{n_{XH}!}{n_H! \cdot n_D!} = \frac{n_{XH}!}{(n_{XH} - n_D)! \cdot n_D!} = \binom{n_{XH}}{n_D}$$

Andererseits erscheinen bei unvollständigem, durch Struktur gehemmtem, HDX zwingend Moleküle unterschiedlichen Austauschgrades, was verbreiterte, abgeschwächte MS-Signale bewirkt (Gl. 3.13):

$$\sum_{i=0}^{n_{XH}} \binom{n_{XH}}{i} = 2^{n_{XH}}$$

Rechnerisch droht *Combinatorial Explosion* schon bei kleinen Peptiden, doch lassen sich die XH meist gruppieren: XH in N-Terminus, C-Terminus und Seitenketten werden in weniger als einer Sekunde ausgetauscht, solche in schwachen Strukturen in Minuten und solche in festen, geballten Häufungen *(Aggregation)* innerhalb von Stunden (oder gar nicht). Die Abbildung zeigt ein Peptid mit zwei Strukturen und entsprechend unterschiedlichem HDX, die mit der Zeit entlang der Massenachse „wandern". Werden Peptide in der MS gezielt gespalten *(Fragmentierung)*, zerfallen sie in Serien von Bruchstücken (A/B/C vom *N-Terminus*, X/Y/Z vom *C-Terminus*). So sind Austauschgrade zu berechnen und Bereiche mit Struktur einzugrenzen. Doch große Moleküle liefern keine vollständigen Serien, meist nur wenige charakteristische Signale. Das mindert die Auflösung des Verfahrens; dem wird heute mit Algorithmen zur Auswertung begegnet. Die *Informationsentropie* ändert sich im Versuch sprunghaft: Die n_{XH} bit Information des Moleküls vor dem Versuch schwinden durch anfänglichen schnellen HDX. Zeitgenaues Verorten des langsameren HDX in Strukturen des Moleküls erschließt die eigentlich wertvolle Information. Teile des Moleküls, die über längere Zeit beständig gegen HDX und auch durch Spaltung nicht erschließbar sind, liefern ebenso wie die am schnellsten austauschenden Bereiche dann nur noch wenig Information.

Literatur

Claesen, J., & Burzykowski, T. (2017). computational methods and challenges in Hydrogen/Deuterium exchange mass spectrometry. *Mass Spectrometry Reviews, 36,* 649–667. https://doi.org/10.1002/mas.21519.

Kostyukevich, Y., et al. (2018). Hydrogen–deuterium exchange in mass spectrometry. *Mass Spectrometry Reviews.* https://doi.org/10.1002/mas.21565.

Liu, X. R., et al. (2020). Mass-spectrometry-based protein footprinting for higher-order structure analysis: Fundamentals and applications. *Chemical Reviews, 120,* 4355–4454.

Narang, D., et al. (2020). HDX-MS: An analytical tool to capture protein motion in action. *Biomedicines. 8,* 224. https://doi.org/10.3390/biomedicines8070224.

Pancsa, R., et al. (2016). Start2Fold: a database of hydrogen/deuterium exchange data on protein folding and stability. *Nucleic Acids Research, 44.* https://doi. org/10.1093/nar/gkv/1185.

4.4 Musik und andere schöne Künste (Kreativität)

Schlüsselwörter

Wahrnehmung – Musik: Ton, Melodie, Harmonie – Aleatorik – Kreativität und Kreativitätstechniken

Kunst ist nie sinn- und zweckfrei. Sie befriedigt stets Bedürfnisse, bei allen Beteiligten. Die Einen wollen sich ausdrücken oder selbst erkennen, Erlebtes bewältigen, Mitmenschen aufmerksam machen, oder ihre Kunst ist eine Art „Denken mit Hilfsmitteln"; auch Ruhm und Geld sind Beweggründe. Die Anderen wollen sich entspannen und ablenken, vielleicht auch anregen und erstaunen lassen; oder sie suchen eine Geldanlage. Kunst entsteht aus Gestaltungsfreiheit, aus Handlungsräumen; Kombinatorik ist da naheliegend. Es gibt es sehr viele Richtungen und Gebiete in der Kunst (der Begriff ist ohnehin nicht klar umrissen). Doch stets zielt sie auf die Wahrnehmung mit mindestens einem der fünf Sinne:

- Sehen *(visuell),*
- Hören *(auditiv),*
- Fühlen *(kinästhetisch),*
- Riechen *(olfaktorisch),*
- Schmecken *(gustatorisch).*

Über das Sehen und das Hören werden im Alltag die meisten Reize aufgenommen, jeweils als Schwingungen *(elektromagnetisch, mechanisch).* Fühlen hingegen umfasst eine Vielzahl „innerer" und „äußerer" Empfindungen *(viszeral, haptisch/ taktil);* Riechen und Schmecken werden durch Stoffe auf Schleimhäuten ausgelöst *(chemisch).* Synästhesie (griech. *synaisthanesthai,* zugleich empfinden) ist die bei manchen ausgeprägte, aber wohl bei allen angelegte, Querverbindung zwischen den Sinnen: Farben werden als „warm" oder „kalt" empfunden, Töne als „scharf" oder „weich", Zahlen werden zu Bildern. Es offenbart sich eine Gemengelage, die je nach Befindlichkeiten anregend oder verwirrend wirkt:

- Alle Sinne empfangen Mischreize; es gibt im Alltag selten den reinen Ton, die reine Farbe, den reinen Geschmack. Starke oder wiederholte Reize über-blenden andere, lähmen gar die Wahrnehmung. Diese ist zudem stets zeitlich ausgedehntes (und damit begrenztes) Erleben.
- Wahrnehmung bewirkt stets Gefühle. Reize werden nicht nur in Zusammen-hänge eingeordnet, sondern bewirken Erinnerungen und Deutungen. Menschen können durch Reize zu bestimmtem Verhalten verleitet, Wahrnehmung kann getäuscht werden.

- Reize sind nur mittelbar und im weitesten Sinne zählbar (was eine Voraussetzung für Kombinatorik ist). Gewiss gibt es bezifferte Größenbereiche für Töne, Farben, Druck; doch ob ein Menschen zwei Töne oder Farben wahrnimmt, unterscheidet und gar als angenehm empfindet, erweist sich im Einzelfall. Zudem umfasst der einzelne Reiz mehrere Größen; bei einem Ton sind zumindest Dauer, Höhe, Lautstärke, Klangfarbe, auch die Richtung der Ausbreitung wichtig.

Geforscht wurde darüber schon in der Antike, verstärkt seit dem 17. Jahrhundert; die Aufklärung im 18. Jahrhundert, die Fortschritte der Wissenschaften seit dem 19. Jahrhundert, die Entgrenzungen des 20. Jahrhunderts haben Gestaltungsspielräume erweitert. Kunst ist nicht mehr auf Gattungen beschränkt. Doch Musik im Zusammenhang mit der Kombinatorik abzuhandeln erfordert gewisse Begriffsklärungen:

Musik (griech. *musike techne*, Musenkunst, danach lat. *musica*, Tonkunst) bedient sich der Töne: Luftschwingungen, als Schallwellen übertragen, sind gerichtete, räumlich-zeitlich begrenzte Schwankungen von Luftdichte und Luftdruck. Ein reiner Ton entsteht durch eine bestimmte Zahl von Schwingungen je Zeiteinheit (*Frequenz,* lat. *frequentia*, Häufigkeit, Menge); die Lautstärke entspricht der Auslenkung dieser Schwingungen. Töne erklingen nacheinander oder gleichzeitig, sie überlagern sich; Geräusche sind beliebige, zufällig entstehende Überlagerungen. Musik ist aber noch viel mehr, nämlich Ausdruck von Gefühlen und Stimmungen:

Harmonie (lat. *harmonia*, Einklang, Wohlklang) bezeichnet ganz allgemein räumlich-zeitliche Fügungen von Tönen, die als angenehm oder schön empfunden werden. *Melodie* (griech *melodia*, Sangesweise) bezeichnet eine endliche zeitlich Abfolge von Tönen als Grundlage eines Tonwerks. *Rhythmus* (griech. *rhythmos*, Gleichmaß, Wiederkehr) zeigt sich dabei in den jeweiligen, sich wiederholenden Mustern aus Tonfolgen, insbesondere deren Lautstärken, Geschwindigkeiten (Tempo) und Wiederholungen. In allen Kulturen gab und gibt es dafür bestimmte Vorlieben und Gebräuche.

Komposition (*lat. compositio*, Anordnung, Fügung, Zusammenstellung) ist ein Werk der Musik einschließlich seines Aufbaus und seiner Gestaltungsmittel, mithin das Ergebnis einer schöpferischen Arbeit. Aleatorik (lat. *alea*, Würfelspiel, auch Wagnis) bezeichnet das Nutzen neuartiger Verfahren im schöpferischen Gestalten; diese können, müssen aber nicht, zufallsbestimmt sein; ebenso ist es möglich, Abläufe rechnerisch festzulegen oder eigene Regeln zu schaffen, insbesondere

- Versatzstücke innerhalb eines Stücks abzuwandeln oder durch Anleihen aus verschiedenen Gattungen und Werken völlig neu zu fügen,
- Regeln und Überlieferungen, etwa in Gestalt von Tonarten und Tonleitern, zu missachten und Töne nach neuen Verfahren zu erzeugen,
- Grenzen von Gattungen zu überwinden und Musik mit Tanz, Videoinstallation, Performance und mehr zu verbinden.

Das Wandeln und Gestalten beginnt schon vor einer Aufführung mit der Wahl der Mittel, der Verteilung der Aufgaben, der Schaffung des Umfeldes, ist also nicht zwingend beschränkt auf den räumlich-zeitlichen Bereich des eigentlichen Spielens. Im künstlerischen Schaffen frei, muss den Beteiligten zu Beginn nicht klar sein, was für ein Werk entsteht und welche Wirkung es auf andere haben könnte. Dies sind Ansätze für Kombinatorik, eröffnet Gestaltungsräume: *Improvisation* (lat. *improvisus,* unvermutet, überraschend) ist das Schaffen eines Werks ohne Planung, aus dem Spiel heraus (*Jazz* als Beispiel); das Werk kann somit nicht wiederholt aufgeführt, aber doch aufgezeichnet und später beliebig wiedergegeben werden. *Interpretation* (lat. *interpres,* Vermittler) ist das Wiedergeben eines geschaffenen Werks, wobei die Beteiligten dieses mit ihren eigenen Gestaltungsmitteln erheblich verändern können und damit selbst zu Schaffenden werden.

Combinatorial Explosion ergibt sich als Fülle der Möglichkeiten. Die zu vertauschenden, zu wählenden, zu ordnenden „Dinge" sind nicht so streng unterscheidbar/zählbar wie in der Mathematik gewohnt. Gewiss kann der Reinton als zählbare Einheit gelten; hier sind zwölf (Saiten-)Längen gezeigt als Verweis auf die Klangversuche der Pythagoräer sowie die nun schon klassische Zwölftonmusik *Arnold Schönbergs* (Abb. 4.15). Aus 12 Tönen lassen sich über 479 Mio. Tonfolgen einschließlich aller Wohl- und Missklänge erzeugen (Gl. 3.1); ferner gibt es $C(12,2) = 66$ Möglichkeiten, zwei Töne zusammen erklingen zu lassen (Gl. 3.5); Verhältnisse wie $2:1 = 4:2 = 6:3 = 8:4 = 10:5 = 12:6$ erscheinen mehrfach. Das erinnert an den Satz vom Affen; tatsächlich ist noch weit mehr wandelbar:

- Welche Töne erklingen, wandeln sich Tonhöhen, gehen sie ineinander über *(Frequenz, Modulation)?* Werden überhaupt Töne nach einem überlieferten Verständnis gesetzt, oder wird frei über den Bereich des Hörbaren verfügt?
- Wie lange erklingen die Töne, wie schnell folgen sie aufeinander *(Rhythmus, Tempo)?* Erklingen sie auch gleichzeitig *(Interferenz)?* Werden sie gedämpft oder hallen sie? Ändert sich die Richtung des Schalls?
- Wie wird die Lautstärke geführt *(Amplitude, Intensität)?*
- Wie sind die Klangfarben gestaltet *(Instrumentierung)?*
- Gibt es Wiederholungen, Versetzungen, Neuordnungen, und welche Stimmungen und Gefühle werden damit ausgelöst?

Über die Jahrhunderte wurden überlieferte Formen immer stärker hinterfragt und schließlich überwunden: Bemühten sich *Athanasius Kircher, Johann Heinrich Lambert* oder *Johann Philipp Kirnberger* noch um die Schaffung „gängiger" Musik, lösten sich *Arnold Schönberg, John Cage* oder *Karlheinz Stockhausen* völlig aus den alten Bindungen. Ton und Farbe sind grundsätzlich willkürlich im Bereich des Hör- und Sichtbaren wählbar: Das betreffende *Spektrum (Kontinuum)* wird durch Setzen von Punkten zur Reihung *(Dis-Kontinuum)*. Maßgeblich ist die Auflösung; zwei benachbarte Werte müssen für Menschen mit durchschnittlicher, gesunder Wahrnehmung noch unterscheidbar sein. Als Kehrseite treffen solche Versuche eben nicht mehr den Massengeschmack: Musik als Teil von Kultur ist

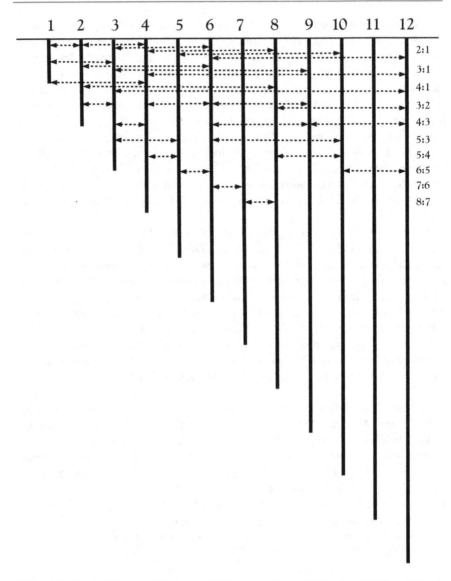

Abb. 4.15 (Saiten-)Längenverhältnisse im Zahlenraum „Dutzend". Es sind nicht alle möglichen Verhältnisse dargestellt

ein *Sozialphänomen;* ein mittlerer Bereich wandelt sich mit der Zeit, kann aber nicht erzwungen werden. Darin finden sich die Schnittmengen zwischen dem Gefallen der Einzelnen und der aus ihnen entstehenden Gruppen. Experimente sind lehrreich, klingen jedoch nicht zufällig oft weniger künstlerisch als künstlich. Nicht zufällig scheiterte schon im 18. Jahrhundert *Leonhard Euler* mit seinem Versuch, Harmonien zu berechnen, während Zeitgenossen bereits die Grenzen herkömmlicher Notenschrift erkannten.

Kunstschaffende sind frei in ihren Handlungen, und heutige Möglichkeiten erlauben grundsätzlich allen, sich mit geringen Kosten selbst künstlerisch zu versuchen. Digitalisierung vermag selbst Improvisation zu bewahren und neue Improvisation anzuregen. Nicht nur Malen nach Zahlen, auch Tanzen und Spielen nach Zahlen ist möglich. Mit der Kombinatorik als Ansatz lassen sich „vollkommene" Kunstwerke erdenken (einiges davon wurde in den letzten 100 Jahren bereits erprobt) wie

- ein Bild, das in Teile zerlegbar ist, die in beliebigen Anordnungen jeweils wieder ein erkennbares neues Bild ergeben,
- ein Musikstück, dessen Töne ebenso wie einzelne Tonfolgen in neuen Zusammenstellung ein neues Musikstück bilden,
- ein Tanz, dessen Bewegungen und Abläufe (Figuren) in immer wieder gewandelten Folgen immer wieder andere Bedeutungen vermittelt,
- ein Schriftsatz, der Sinn in allen Leserichtungen (oben/unten, links/rechts und umgekehrt) ergibt und dessen Buchstaben nach Vertauschung ebenfalls Neues zeigen, oder
- ein Film, der vorwärts und rückwärts laufend eine erkennbare Abfolge zeigt.

Manche Erfindungen setzen sich nicht durch: Der französische Jesuit *Louis-Bertrand Castel* (*1688, †1757) entwarf vor 300 Jahren ein Farbenklavier, mit dem er Töne und Farben gemeinsam darstellen und beispielsweise hör- oder sehbehinderten Menschen an Kunst heranführen wollte. Zudem sollte der „flüchtige" Ton durch die „feste" Farbe länger zu genießen sein. Sein Ansatz wurde veröffentlicht und von Gelehrten debattiert, aber letztlich nicht umgesetzt. Der Gedanke, den hörbaren Bereich der Schallwellen und den sichtbaren Bereich der Lichtstrahlung in gleiche Teile zu teile und einander zuzuordnen, hat etwas Bestechendes; doch können die meisten Menschen wohl mehr Töne unterschieden als Farbwerte. Geblieben sind vom Farbenklavier aber nur Kinderspielzeuge, die auf einen Tastendruck einen bestimmten Ton abgeben und dabei eine bestimmte Farbe zeigen, Notsignale (etwa aus einem roten Blinklicht und einem schrillen Ton) sowie Videoinstallationen. Letztere gibt es in einfacher Form seit Jahren als Bildschirmschoner für den heimischen Rechner.

Das Zeitalter der *Digitalisierung* hat es mit sich gebracht, dass ein „Bild" heutzutage nichts anderes ist als eine m·n-Matrix aus Bildpunkten *(Pixel);* als Auflösung wird die Zahl dieser Bildpunkte auf einer bestimmten Fläche (Papier, Bildschirm, ...) bezeichnet. Werden nun f Farbwerte verwendet, also unterscheidbare Wellenlängen der Lichtstrahlung, können damit rechnerisch $f^{m \cdot n}$ verschiedene Bilder erzeugt werden, deren Bildpunkte jeweils in zahlreiche Anordnungen versetzt werden können. Solche Bilder zu vervielfältigen und zu versenden, zu vergrößern und zu verkleinern, zu verändern und zu verschlüsseln, ist über die letzten beiden Jahrzehnte immer einfacher geworden: Die nötigen Rechenleistungen und Speichergrößen sind verfügbar, und in Gestalt vor allem von *Animationsfilmen, Videogames* oder *Satellitenfotos* öffentlich wahrzunehmen. Bekanntlich gewann nicht nur die Kunst neue Mittel: Sicherheitsbehörden verschiedener Länder nutzen längst Bilderkennung, um Aufnahmen von Menschenmengen im öffentlichen Raum auszuwerten.

Dimensionalität, Fraktalität, Intermedialität – wie ein Buch Fläche und Gegenstand (D_2/D_3) ist, Tanz in Raum und Zeit stattfindet (D_3/D_4), reicht Kunst über Grenzen hinaus. Doch ist sie nie frei von Grenzen. Diese sind im Alltag körperlicher, geistiger und seelischer ebenso wie zeitlicher, rechtlicher und wirtschaftlicher Art. Grenzen bestimmen das Leben, und Kunst ist ein Bewältigen dieser Bedingungen. Es ist alles schon einmal dagewesen; das heißt nicht, dass es nichts Neues mehr geben kann. Die Fülle des Stoffs wächst und damit im Einzelfall die Notwendigkeit der Auswahl. Durch das Setzen von Zielen, Rahmen, Mitteln werden Größen festgeschrieben, und in den jeweiligen Rahmen ermöglicht *Combinatorial Explosion* immer wieder Neues und Anderes. Menschliches Schöpfertum oder Kreativität (lat. *creare*, erschaffen) entsteht weniger aus der Fülle (Beliebigkeit, Reizüberflutung!), sondern aus der Beschränkung. Es bedarf der Dreiheit von *Person, Prozess* und *Produkt:* Ein Mensch hat sich nicht als schöpferisch erwiesen, bevor nicht ein geeignetes Erzeugnis vorlegt; dies erfordert eine Entwicklung oder Entfaltung. Entfalten oder entwickeln kann sich aber nur, was vorher bereits angelegt war. Das Erzeugnis muss sich wiederum dreifach auszeichnen – plötzlich und schnell entstehen, erstmalig und neu sein, sinnvoll und zweckmäßig erscheinen.

Dabei ist zu unterscheiden zwischen *Kreativität* und *Kreativitätstechniken* (Tab. 4.1); ebenso kann verschiedenen Herausforderungen unterschiedlich begegnet werden (Tab. 4.2): Es ist stets wichtig, aus eigenen Erfahrungen, und oft sinnvoll, aus fremden Erfahrungen zu lernen. Wer nur Bekanntes verfolgt, wird durch Neues meist nicht angenehm überrascht. Kreativität heißt übrigens nicht, dass ständig Neues gefunden werden muss; vielmehr kann es schon weiterhelfen, Bekanntes neu zu verbinden oder Vergessenes wiederzuentdecken. Es heißt auch nicht, sich selbst ständig neu zu „erfinden", um Markt- oder sonstigen Zwängen zu genügen: Vielmehr geht es darum, zur richtigen Zeit etwas Sinnvolles zu tun. Mathematik und Kunst haben viel gemeinsam: Beide verlangen Schöpferkraft, wobei in der Kunst die Regel etwas freier bestimmt werden können und in der Mathematik allgemeinverbindlich sind. Beide werden oft verkannt oder nicht verstanden. Beide ermöglichen es, Ziele mit ganz verschiedenen Mittel zu verfolgen.

Literatur
Bätzner, N. (Hrsg.). (2005). *Faites vos jeux!* Hatje Cantz.
Beil, R., & Kraut, P. (2012). *A House Full of Music. Strategien in Musik und Kunst.* Hatje Cantz.
Collins, D. (Hrsg.). (2012). *The act of musical composition. Studies in the creative process.* Routledge.
Klotz, S. (2006). *Kombinatorik und die Verbindungskünste der Zeichen in der Musik zwischen 1630 und 1780.* Akademie Verlag.
Lista, M., et al. (2017). *A different way to move.* Hatje Cantz.
Mazzola, G. (1990). *Geometrie der Töne.* Birkhäuser Verlag.

Tab. 4.1 Problemstrategien im Überblick (Kraus 2019)

	Spontaneität	Keine Spontaneität
Originalität	**Kreativität** (= Finden ohne Suchen) schafft Lösungen, ersetzt aber nicht das Handeln. **Improvisation** ermöglicht sofortiges Handeln	**Kreativitätstechniken** ersetzen Kreativität durch geplantes Suchen nach Lösungen, ersetzen aber auch nicht das Handeln
Keine Originalität	**Routine** erspart das Suchen nach Lösungen und ermöglicht sofortiges Handeln	**Imitation** ist Lernen vom Vorbild (= Best Practice), erspart das Suchen und ermöglicht schnelles Handeln

Tab. 4.2 Herausforderungen als Problem-Matrix

	Problem		Ressource		Resultat	
	alt (bekannt)	neu	alt (bewährt)	neu	alt (erwartet)	neu
1	X	–	X	–	X	–
2	X	–	X	–	–	X
3	X	–	–	X	X	–
4	X	–	–	X	–	X
5	–	X	X	–	X	–
6	–	X	X	–	–	X
7	–	X	–	X	X	–
8	–	X	–	X	–	X
9	X	–	–	–	?	?
10	–	X	–	–	?	?

Schulze, H. (2000). *Das aleatorische Spiel*. Brill Fink.
Zembylas, T., & Niederauer, M. (2016). *Praktiken des Komponierens. Soziologische, wissenstheoretische und musikwissenschaftliche Perspektiven*. Springer VS.

4.5 Entscheiden und Verwalten (Psychologie, Soziologie, Ökonomie)

Schlüsselwörter

Optimierungsprobleme – Gruppengröße: Miller- und Dunbar-Regel – Wissen – Heuristik: Normstrategien – Fallgruppen der Gesellschaft

Kombinatorische Optimierung bezeichnet alle Verfahren, mit denen betriebliche Arbeitsabläufe durch Vergleichen, Auswählen, Ordnen von Verrichtungen verbessert werden. Im Einzelfall ist anhand von Kenngrößen zu bestimmen, was als „besser" gilt (Einsparung von Zeit, Kosten, Arbeitskräften, Energie, Rohstoffen; Ausweitung von Mengen, Umsätzen, Gebieten; Erhöhung der Zufriedenheit; …). Ferner verweist „besser" auf zu hinterfragende Vergleiche: So kann es darum gehen, etwas besser zu machen als vorher oder als andere Unternehmen im Umfeld. Übliche Lehrbuchbeispiele sind die Einrichtung und Auslastung von Maschinen oder die Routenplanung. Zu unterscheiden ist zwischen berechenbaren, planbaren Einflussgrößen, die im Rahmen der normalen Abläufe zu berücksichtigen sind, und Beeinträchtigungen, Störungen, Schädigungen von außen, deren Eintreten nach Erfahrungswerten aus der Vergangenheit zwar grundsätzlich zu befürchten, aber nach Zeit, Ort und Umfang nicht sicher zu bestimmen sind. Bei der Routenplanung wären dies beispielsweise Erkrankungen bei den Arbeitskräften, Ausfälle von Fahrzeugen (einschließlich Unfälle während der Fahrt), Stau, Unwetter (mit der Folge von Straßensperrungen), Lieferverzögerungen bei Dritten oder Notfalleinsätze.

Combinatorial Explosion droht auch hier: Bereits in einem scheinbar übersichtlichen Möglichkeitsraum aus drei Größen, die jeweils drei Werte annehmen können, entstehen durch paarweises Vergleichen (hier als Bestimmung eines „Weges" zwischen den Punkten) und anschließendes Sortieren sinnlos große Zahlen (Abb. 4.16). Diese Größen werden in der Betriebswirtschaft üblicherweise nach Raum-, Flächen-, Strecken-, Zeit-, Mengen- oder Geldeinheiten bemessen. Somit ist es wichtig, rechtzeitig Grenzwerte und Regeln zu bestimmen, um in der übergroßen Zahl rechnerischer Möglichkeiten die tatsächlich machbaren einzugrenzen. Kombinatorik liefert hier also eine Vielfalt von Angeboten, aus denen überlegt und umsichtig die eigentliche Lösung auszuwählen ist.

Im Fall der Routenplanung wären dies eine Gewichtung nach Dringlichkeit (Verderblichkeit von Waren, Zeitfenster beim Empfänger, …), nach Entfernungen (mit Entgeltstaffelung) oder eine Grobgliederung von Lieferreihenfolgen, aber auch die Planung von Zeitpuffern. Im Schulbetrieb beispielsweise geht es um das Aufstellen der Stunden-, Raum- und Lehrkräftepläne, wobei

- die Zahl der Klassen oder Lerngruppen, der Räume, der zu leistenden Unterrichtseinheiten und des Zeitrasters einschließlich der
- Mindest- und Höchststundenzahl von Fächern und Klassen am Tag und in der Woche (mit Teilungen, Unterrichtsgängen, Vertretungen) sowie
- der Zahl von Lehr- und Betreuungskräfte

miteinander zu vereinbaren sind. Die Pläne werden meist für das Halbjahr oder Schuljahr erstellt, müssen aber bei Krankmeldungen von Lehrkräften täglich angepasst werden. Früher wurden bunte Kärtchen auf einer Tafel ausgezählt und umgesteckt, deshalb nennt man es noch „Doppelsteckung", wenn zwei Lehrkräfte in einer Klasse eingesetzt sind.

Die weltweite Vernetzung und die Verbreitung von *Artificial Intelligence* bringen zahlreiche Missbrauchsmöglichkeiten – und die Gegenmaßnahmen werden sich ebenso auf Anwendungen aus der Kombinatorik oder anderen

Punktmenge im Möglichkeitsraum

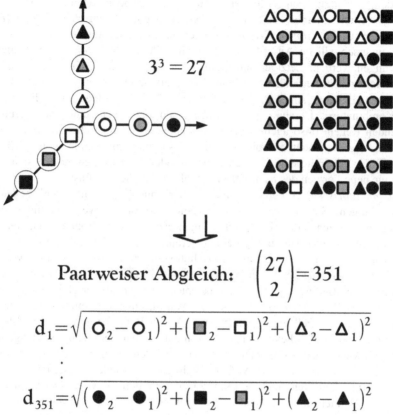

$$3^3 = 27$$

Paarweiser Abgleich: $\binom{27}{2} = 351$

$$d_1 = \sqrt{\left(O_2 - O_1\right)^2 + \left(\blacksquare_2 - \square_1\right)^2 + \left(\Delta_2 - \Delta_1\right)^2}$$

$$\vdots$$

$$d_{351} = \sqrt{\left(\bullet_2 - \bullet_1\right)^2 + \left(\blacksquare_2 - \blacksquare_1\right)^2 + \left(\blacktriangle_2 - \blacktriangle_1\right)^2}$$

Sortierung: $351! \longrightarrow \infty$

Festlegung von Einschränkungen:
Unter-/Obergrenzen, Ausschluss von Reihenfolgen

Auswahl einer Lösung

Abb. 4.16 Möglichkeitsraum eines Optimierungsproblems

Gebieten der Mathematik und Informatik stützen. *Artificial Intelligence* beruht wesentlich auf Fallentscheidungen, die jeweils in bestimmte Handlungsstränge münden, abhängig von Grundregeln und Anfangsbedingungen. Damit kann sich aus einer scheinbar einfachen Anforderung eine verwirrende Vielfalt *(einmal mehr: Combinatorial Explosion)* ergeben, oder ganz im Gegensatz können ganz unterschiedliche Anforderungen in eine kleine Zahl von Entscheidungen gezwungen werden. Letztgenannter Fall ist etwa typisch für Portale, mit deren Hilfe Anliegen in betriebliche Abläufe (Beispiel: Beschwerden) oder behördliche Verfahren (Beispiel: Anträge) gelenkt werden sollen. Auch hier gelten die Regeln der Kombinatorik. Daraus ergibt sich aber auch, dass, wer immer die zugrunde-liegenden Regeln (also auch die Rechtsgrundlagen) kennt, Behörden und Unternehmen gegeneinander ausspielen kann. Zusammen mit schon heute geübten Mitteln der Beeinflussung in Wahlkämpfen oder Krisenzeiten zeigen sich hier künftige neue Formen des Kampfes um gesellschaftlichen Einfluss.

Kombinatorische Auktionen sind bisher nur in Fachkreisen bekannte Anwendungen. Sie wurden, soweit bekannt, erprobt in Versteigerungen von Mobilfunklizenzen sowie im Beschaffungswesen einiger Großunternehmen. Es ist anzunehmen, dass sie künftig bei der Veräußerung von Brenn- und Rohstoffen oder Nutzungsrechten von Strom und Bahntrassen zunehmend wichtiger werden. Sie ermöglichen eine Versteigerung von verschiedenen Waren oder Leistungen zu verschiedenen Bedingungen: So kann beispielsweise ein Bieter gleichzeitig für a_1 Einheiten der Ware A und b_1 Einheiten der Ware B einen bestimmten Preis bieten, dies aber auf den Fall einschränken, dass A und B in der gewünschten Menge verfügbar sind. Sollte dies bei einer Ware nicht der Fall sein, kann er Menge und Preis anpassen – ebenso bei einer sich verändernden Nachfrage anderer Bieter – oder das Gebot zurückziehen. Weitere Bedingungen könne die Art und den Ort der Lieferung betreffen, auch bestimmte Eigenschaften der Ware. Der Veräußerer kann Mindestmengen a_0, b_0 und Mindestgebote sowie den Zeitrahmen oder die Zahl der Angebotsrunden bestimmen. Solche Verfahren folgen Algorithmen, sind daher für Nicht-Fachleute kaum zu durchschauen und können nur rechnergestützt durchgeführt werden. Insofern ähneln sie dem heutigen Börsenhandel; weitere Forschung ist nötig, um zu verhindern, dass sich solche Abläufe in Störfällen ver-selbständigen.

Im Arbeitsleben sind Handlungsanleitungen wichtig, die nicht zu stark verein-fachen, aber auch nicht überfordern. Eine *Heuristik* (griech. *heuriskein,* entdecken, finden) soll Entscheidungen und Tätigkeiten ermöglichen, auch wenn nicht das gesamte erforderliche Wissen abrufbar ist. Denn dies ist kaum jemals gewähr-leistet. Die vielzitierten Arbeiten dreier Psychologen, *George A. Miller* (*1920, †2012) und *Stanley Milgram* (*1933, †1984) aus den USA sowie *Robin Dunbar* (*1947) aus Großbritannien zeigten, dass Menschen nur ein sehr begrenztes Ausmaß von Reizen verarbeiten können. Sie verhalten sich bei Herausforderungen nicht immer bestmöglich, geschweige vernünftig. Jedoch können sie diese Mängel durch Vernetzung im Umfeld ausgleichen und aus Erfahrungen lernen. Menschen schaffen sich gewissermaßen zonierte Lebenswelten, innerhalb derer sie das für sie Wichtige auswählen (Abb. 4.17). Wissen spielt stets eine wichtige Rolle; es geht

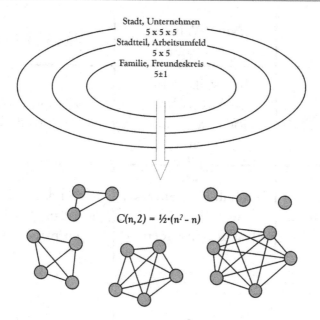

Abb. 4.17 Gruppengrößen

nicht darum, möglichst viel davon anzuhäufen, sondern das jeweils Erforderliche –
was wiederum einen gewissen Überblick erfordert sowie die Fähigkeiten und
Fertigkeiten, es sich anzueignen. Sehr anschaulich sind hier die sich ergänzenden
Modelle des kanadischen Psychologen *Albert Bandura* (*1925) für den Erwerb von
Wissen und der beiden US-amerikanischen Sozialpsychologen *Joseph „Joe" Luft*
(*1916, †2014) und *Harrington „Harry" Ingham* (*1916, †1995) für den Umgang
damit. Letzteres wurde bekannt als *Johari-Fenster* (Abb. 4.18): Warum lernen
Menschen, wie lernen sie, und was machen sie mit dem Wissen? Solche Fallunterscheidungen, entstanden aus Selbst- und Fremdbildern, auf Neigungen und Herausforderungen, bringen Kombinatorik in den Alltag.

So wirken Nachrichten, insbesondere Gerüchte, meist nach einer Faustregel mit
Binärcode-Permutation ($2^3 = 8$):

„Richtiges", von den „Richtigen" unter den „richtigen" Umständen (Ort, Zeit, Umfeld)
vermittelt, wird geglaubt.
„Richtiges", von den „Richtigen" unter den „falschen" Umständen vermittelt, wird eher
geglaubt als abgelehnt.
„Richtiges", von den „Falschen" unter den „richtigen" Umständen vermittelt, wird eher
abgelehnt als geglaubt.
„Richtiges", von den „Falschen" unter den „falschen" Umständen vermittelt, wird
abgelehnt.
„Falsches", von den „Richtigen" unter den „richtigen" Umständen vermittelt, wird eher
geglaubt als abgelehnt.
„Falsches", von den „Richtigen" unter den „falschen" Umständen vermittelt, wird eher
abgelehnt als geglaubt.

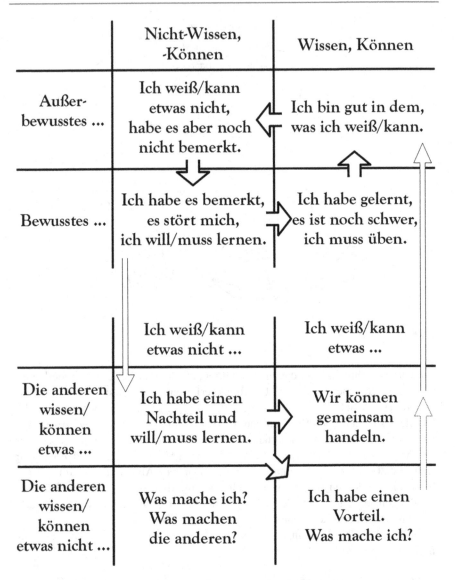

Abb. 4.18 Erwerb und Bedeutung von Wissen nach Bandura (oben) und Luft/Ingham (unten)

„Falsches", von den „Falschen" unter den „richtigen" Umständen vermittelt, wird abgelehnt.
„Falsches", von den „Falschen" unter den „falschen" Umständen vermittelt, wird abgelehnt.

Fallunterscheidungen sind sinnvoll, gerade wenn viel auf dem Spiel steht: Der britische Historiker *Orlando Figes* (*1959) beschrieb in *Crimea*, wie der russische

Militärarzt *Nikolai I. Pirogov* (*1810, †1881) im Krimkrieg 1854/55 mit der (seither veränderten, aber immer noch gebräuchlichen) *Triage,* der Anwendung von Betäubungsmitteln und der Aufwertung der Pflegekräfte die Versorgung Verwundeter erheblich verbesserte:

> *His solution was a simple form of triage which he first put into practice during the bombardment of Sevastopol on 20 January. Brought into the Great Hall of the Assembly, the wounded were first sorted into groups to determine the order and priority of emergency treatment. There were three main groups: the seriously wounded who needed help and could be saved were operated on in a separate room as soon as possible; the lightly wounded were given a number and told to wait in the nearby barracks until the surgeons could treat them; and those who oculd not be saved were taken to a resting home, where they were cared for by medical attendants, nurses and priests until they died. ... The use of anaesthetics enabled Pirigov and his team of surgeons to work extremely quickly, completing over a hundred amputations in a seven-hour-day by operating simultaneously on three tables (critics said he ran a ‚factory system'). ... Pirigov divided the nurses into three groups: those who were to attend to the wounded and help in operations; those who dispended medicines; and those in charge of the general housekeeping in the hospital.*

Heutzutage wird Kombinatorik zunehmend dazu genutzt, gefährlichen Wechselwirkungen von Medikamenten vorzubeugen: Bessere Lebensbedingungen einschließlich Gesundheitsfürsorge haben in vielen Ländern die Lebenserwartung steigen lassen; allerdings wächst mit dem Alter auch die Wahrscheinlichkeit, mehrere Medikamente dauerhaft gleichzeitig einnehmen zu müssen, deren Wirkstoffe sich gegenseitig beeinflussen. Zwar warnen Beipackzettel, werden aber nicht immer gelesen, die Heilenden und Pflegenden können im Regelfall nicht aus dem Kopf einige Hundert Wirkstoffe miteinander abgleichen, und die üblichen Versuche an Freiwilligen haben mitunter begrenzte Aussagekraft: Handelt es sich doch teils um Teilnehmende, die sich gelegentlich ihr Geld mit solchen Versuchen verdienen und vielleicht noch den Wirkstoff vom letzten Durchlauf im Blut schwappen haben. Bei empfindlicheren Naturen (unter ihnen auch der Verfasser dieses Werks) kann schon das Lesen des Beipackzettels die benannten Nebenwirkungen auslösen: Schwindel, Kopfschmerzen, Beklemmungsgefühl, Herzrasen, Mundtrockenheit, Verwirrung, Blutdruckschwankungen, Schweißausbrüche, gegebenenfalls in wechselnder Reihenfolge ...

Die Berufswahl ist für viele Jugendlichen nicht leicht, auch nicht der Berufswechsel bei Erwachsenen. Betreffende sollten nicht nur die Lage am Arbeitsmarkt zu kennen, sondern auch ihre Neigungen mit möglichen Arbeitsfeldern abgleichen. *Georg Christoph Lichtenberg* vermerkte vor 250 Jahren in einem seiner „Sudelbücher" diese Einteilung:

- Brot und Ehre: Jurisprudenz, Medizin, Theologie;
- Brot und keine Ehre: Rechnen und Schreiben, Wirtschaft;
- Kein Brot, aber Ehre: Poesie, Philosophie;
- Kein Brot und keine Ehre: Metaphysik, Logik.

Heute sind ebenfalls vier, aber ganz andere, Unterscheidungen wichtig:

- Sind die Betreffenden abhängig (angestellt, verbeamtet) oder selbständig tätig,
- werden sie vergütet nach Ergebnis oder nach Arbeitszeit,
- sind sie beschäftigt mit wiederkehrenden oder immer wieder neuen Arbeiten,
- sind sie verpflichtet zur Anwesenheit an einem bestimmten Ort zu bestimmten Zeiten oder eben nicht?

Das sind keinesfalls akademische Erwägungen: Moderne Massengesellschaften und ihre Staatsgebilde beruhen nicht zuletzt darauf, dass die Menschen zwingend verschiedene Rollen ausfüllen. Sie werden entsprechend in Fallgruppen eingeordnet (nicht alle in die gleichen, aber in irgendwelche) und verwaltet. Gefragt sind in der Moderne somit weniger *In-Dividuen* als *Dividuen;* der „ganze" Mensch wird allzu oft vernachlässigt. Zu den verwaltungsüblichen Einteilungen gehören

- minderjährig – volljährig,
- ledig – verheiratet/verpartnert – geschieden – verwitwet,
- deutsch – ausländisch,
- männlich – weiblich – divers,
- erwerbstätig – erwerbslos – berentet/pensioniert.

Entsprechende Ordnungsmerkmale sind gesetzlich festgeschrieben, ihre Anwendung hat zahlreiche Rechtsfolgen – sei es der Anspruch auf Leistungen vom Staat oder die Pflicht zu Erbringung von Leistungen und Zahlungen an den Staat. Diese Einteilungen wechseln im Lauf des Lebens, einige gelten gleichzeitig in immer neuen Zusammenstellungen. Diese sogenannte Verrechtlichung, die Durchdringung von nahezu allen Lebensbereichen mit Regelungen, ist ein Merkmal moderner, sesshafter und arbeitsteiliger Gesellschaften. Diese Entwicklung fortschreibend, lässt sich eine künftige Gesellschaft mit Vollbeschäftigung erahnen: Die eine Hälfte der Leute verwaltet, betreut, heilt, pflegt, überwacht, unterrichtet, erzieht und kommandiert die andere Hälfte. Die entscheidende Frage ist weniger, wer eine solche Selbstbeschäftigung bezahlen soll, sondern für welche Teile der Bevölkerung dies eine Verbesserung oder Verschlechterung zum heutigen Zustand wäre …

Eine allgemeine Heuristik betrifft die *Normstrategien,* die sich aus den menschlichen Bedürfnissen einerseits und den möglichen Verhaltensweisen andererseits ergeben (Abb. 4.19). Nicht alles ist immer sinnvoll, aber grundsätzlich gibt es stets mehrere Möglichkeiten; die Auswahl ist im Einzelfall begrenzt durch rechtliche, zeitliche, wirtschaftliche, moralische oder sonstige Rahmenbedingungen. Lebenserfahrung und Umsicht sind wertvolle Entscheidungshilfen. In der Arbeitswelt ist Gewalt üblicherweise keine Lösung (Ausnahme: Notwehr), auch nicht Flucht (Ausnahmen: Eigenkündigung, Gefahr im Verzug); sinnvoll ist es hingegen meist, sich mit anderen zusammenzuschließen oder eine schwierige Lage durch unternehmerische Neuausrichtung in etwas Gutes zu wandeln. Es gilt, sich nicht selbst durch Schwarz-Weiß-Denken in die Enge zu treiben, sondern abzuwägen und nach bestem Wissen und Gewissen das Richtige zu tun. Ein solches Schema

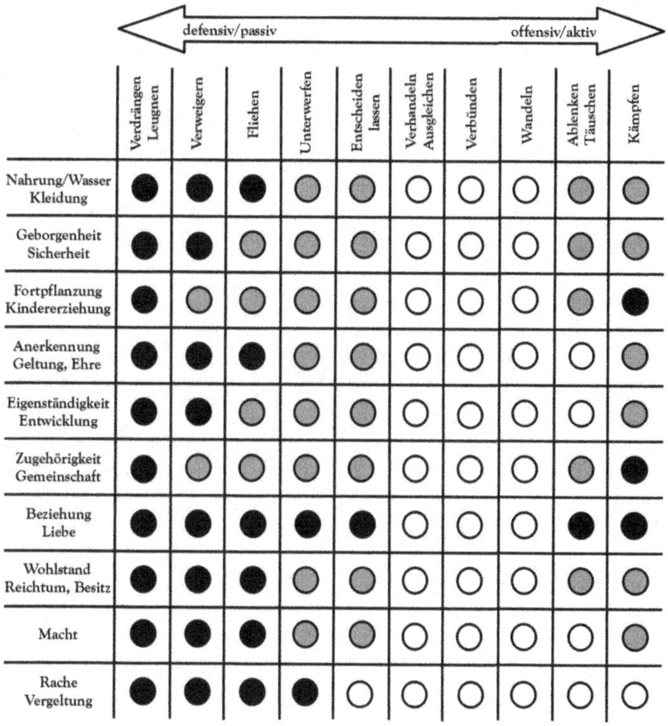

| | defensiv/passiv → ... ← offensiv/aktiv | | | | | | | | | |
	Verdrängen Leugnen	Verweigern	Fliehen	Unterwerfen	Entscheiden lassen	Verhandeln Ausgleichen	Verbünden	Wandeln	Ablenken Täuschen	Kämpfen
Nahrung/Wasser Kleidung	●	●	●	○	◐	○	○	○	◐	○
Geborgenheit Sicherheit	●	●	◐	◐	◐	○	○	○	◐	○
Fortpflanzung Kindererziehung	●	◐	◐	◐	◐	○	○	○	◐	●
Anerkennung Geltung, Ehre	●	●	●	◐	◐	○	○	○	○	○
Eigenständigkeit Entwicklung	●	●	◐	◐	◐	○	○	○	◐	○
Zugehörigkeit Gemeinschaft	●	◐	◐	◐	◐	○	○	○	◐	●
Beziehung Liebe	●	●	●	●	●	●	○	○	○	●
Wohlstand Reichtum, Besitz	●	●	●	◐	◐	○	○	○	◐	○
Macht	●	●	●	◐	◐	○	○	○	○	◐
Rache Vergeltung	●	●	●	●	○	○	○	○	○	○

Abb. 4.19 Normstrategien (Heuristik).

kann übrigens auch genutzt werden, um Folgen von Handlungen unter sich verändernden Bedingungen abzuwägen *(Stresstest)*, *Persönlichkeitsprofile* zu erstellen (Stellenbesetzungsverfahren) oder Routinen für die Praxis zu erschaffen (Stichwort *Artificial Intelligence*).

Literatur

Bichler, M., et al. (2005). Kombinatorische Auktionen in der betrieblichen Beschaffung. *Wirtschaftsinformatik, 47*(2), 126–134.

Domingos, P. (2015/2017). *The master algorithm*. Penguin Books.

Dunbar, R. I. M. (1993). Coevolution of neocortical size, group size and language in humans. *Behavioral and Brain Sciences, 16*(4), 681–694.

Figes, O. (2010/2011). *Crimea*. Penguin Books.

Lichtenberg, G. C. (Hrsg. Promies, W.). (2005). *Sudelbücher*. DTV.

Miller, G. A. (1956). The magical number seven, plus or minus two: Some limits on our capacity for processing information. *The Psychological Review, 63*, 81–97.

Porter, D., et al. (2003). Combinatorial auction design. *Proceedings of the National Academy of Sciences, 100*(19), 11153–11157.

Übungsaufgaben und Lösungen

5

Rechenrätsel und andere Knobelaufgaben, die mehr oder weniger mit Kombinatorik zu tun haben, waren schon im 18. Jahrhundert beliebt. Im Zeitalter der Aufklärung wurden Glücksspiele nicht so streng verfolgt wie in den Jahrhunderten zuvor, auch befassten sich immer mehr Bürgerliche und Adlige mit Wissenschaft. *Georg Christoph Lichtenberg* sammelte ihm spannend oder witzig erscheinende Aufgaben in den *Sudelbüchern:*

> *Man könnte 5 Personen so aufstellen, dass der erste u, der zweite o und so weiter i, e, a aussprächen und danach ein sechster a, i, o u sagen hörte.*
>
> *Eine Zahl, die unter den Ziffern, womit sie geschrieben ist, die größtmögliche, ist umgekehrt die kleinstmögliche.*
>
> *In einem Gefäß sind 8 Bouteillen (Flaschen) Wein. Mir werden zwei leere Gefäße gegeben, davon das eine 3, das andere 5 hält. Ich soll den Wein im obigen Gefäß vermittelst dieser. halbieren (der kürzeste Weg ist mit 6 Aus- und Abgießungen).*
>
> *5 Quadrate so zu zerschneiden, dass man ein großes daraus legen kann (ohne dass ein Stück übrig bleibt).*
>
> *Asse, Könige, Buben und Damen eines Kartenspiels so zum Quadrat zu legen, dass in einer Zeile oder Spalte weder gleiche Farben noch gleiche Bilder liegen.*

Sein Zeitgenosse *Leonhard Euler* begründete 1736 mit seiner Berechnung zu den sieben Brücken von Königsberg die *Topologie*, verwandt mit *Kombinatorik* und *Graphentheorie* (War es möglich, die damals sieben Brücken auf einem Weg ohne Wiederholungen zu überqueren? – Nein.) In dieses Gebiet gehört auch das „Haus vom Nikolaus".

Nachfolgend sind zwecks Übung 50 Aufgaben versammelt. Wie so oft in der Mathematik gibt es auch in der Kombinatorik mehrere Möglichkeiten, sich einer Aufgabe zu nähern. Lösungen sind jeweils darunter aufgeführt. Das erspart das Blättern, erleichtert (hoffentlich) das Nachvollziehen und soll gegebenenfalls dazu anregen, andere Ansätze zu finden. Zudem sind die Aufgaben nicht nach den Abschnitten des Buchs gereiht, denn einerseits erscheinen Aufgaben im Arbeitsalltag selten sortiert, andererseits können in der Kombinatorik oft mehrere Ansätze

© Der/die Autor(en), exklusiv lizenziert an Springer-Verlag GmbH, DE, ein Teil von Springer Nature 2023

M. Kraus, *Kompaktkurs Kombinatorik,* https://doi.org/10.1007/978-3-662-66973-0_5

ergänzend genutzt werden. Rechnerische und bildliche Lösungen sind, sofern richtig und begründbar, gleichwertig. Viel Freude beim Bearbeiten!

Aufgabe 1: Domino
Wie viele Steine gehören zu einem Spiel, wenn sie wie üblich hälftig geteilt sein, jede Hälfte 0, 1, 2, 3, 4 oder 5 Punkte zeigen, alle damit möglichen Zusammenstellungen vorhanden sein und jeder Stein nur einmal vorkommen soll?

Lösung (Abb. 5.1)
Die naheliegende Antwort $6 \cdot 6 = 36$ stimmt nicht – wobei es ein solches Spiel gewiss geben könnte. 6 Steine zeigen in beiden Hälften die gleiche Punktzahl, die anderen jeweils verschiedene Punktzahlen als nicht-geordnete Auswahl von Paaren (Gl. 3.3). Es sind insgesamt $C(6,2) + 6 = 21$ Steine (eine Dreieckszahl, wie sich zeigt).

Aufgabe 2: Pferderennen
Es sind 8 Pferde im Rennen. Wie viele Möglichkeiten gibt es für eine Einlaufwette, bei der auf die ersten drei Pferde in richtiger Reihenfolge gewettet wird?

Lösung
Gesucht sind alle geordneten Auswahlen von $k = 3$ siegreichen aus insgesamt $n = 8$ Pferden (Gl. 3.7); davon gibt es $V(8,3) = 3! \cdot C(8,3) = 336$.

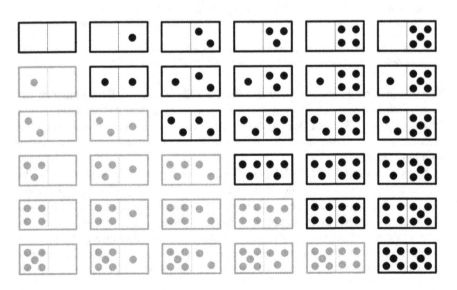

Abb. 5.1 Domino

Aufgabe 3: Dreiecke
Wie viele Dreiecke entstehen durch Teilung von Dreiecken, Vierecken, Fünfecken
(*Polygone,* griech. Vielecke), wenn die Eckpunkte der Dreiecke auch Eckpunkte
des n-Ecks sind und

- zwei der Seiten,
- eine der Seiten oder
- keine der Seiten der Dreiecke durch Seiten des n-Ecks gebildet werden?

Lösung (Abb. 5.2)
Die Eckpunkte eines n-Ecks können durch $\frac{1}{2} \cdot (n^2 - n)$ Strecken – zwischen
jeweils zwei Eckpunkten – verbunden werden (Gl. 3.5). Davon sind n Seiten
zwischen benachbarten Eckpunkten und die restlichen *Diagonalen.* Untersucht
werden hier nur n-Ecke, deren Diagonalen innerhalb der Seiten liegen *(Konvexität).*
  Der erste Fall ergibt sich aus jedem Eckpunkt und den beiden von ihm aus-
gehenden Seiten; es entstehen in jedem n-Eck also n derartige Dreiecke.
  Der zweite Fall ergibt sich, wenn Dreiecke aus jedem Eckpunkt und dem
mindestens übernächsten sowie dem darauf folgenden Eckpunkt gebildet werden;
die Seite des n-Ecks zwischen den letztgenannten Punkten ist dann auch Seite des
Dreiecks. So entstehen im Fünfeck vom jedem Eckpunkt ein Dreieck (insgesamt 5),
im Sechseck zwei (insgesamt 12), im Siebeneck drei (insgesamt 21), im Achteck

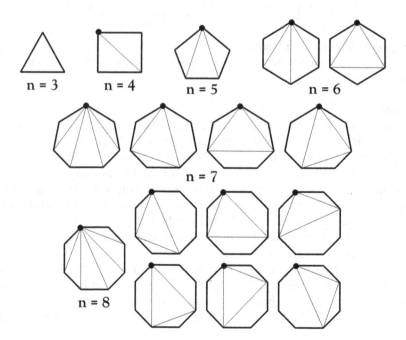

Abb. 5.2 Teilung von Drei- bis Achtecken in Dreiecke

vier (insgesamt 32). Im beliebigen n-Eck lassen sich also $n \cdot (n-4)$ solcher Dreiecke erzeugen.

Sollen im dritten Fall die entstehenden Dreiecke nur aus Eckpunkten des n-Ecks entstehen, ergeben sich von jedem Eckpunkt her eines beim Sechseck (insgesamt 6), drei beim Siebeneck (insgesamt 21), sechs beim Achteck (insgesamt 48); wieder einmal erscheint die Folge der Dreieckszahlen. Es gibt also im n-Eck $\frac{1}{2} \cdot n \cdot ((n-5)^2 + (n-5))$ solcher Dreiecke.

Aufgabe 4: Umformungen
Die folgenden Ausdrücke sind zu vereinfachen:

$$\frac{(n-1)! \cdot (n+1)!}{(n!)^2}, \quad \binom{n+1}{2} + \binom{n}{2}, \quad \binom{n+1}{2} : \binom{n}{2}$$

Lösung

$$\frac{(n-1)! \cdot (n+1)!}{(n!)^2} = \frac{1 \cdot 2 \cdot \ldots \cdot (n-1)}{1 \cdot 2 \cdot \ldots \cdot (n-1) \cdot n} \cdot \frac{1 \cdot 2 \cdot \ldots \cdot n \cdot (n+1)}{1 \cdot 2 \cdot \ldots \cdot (n-1) \cdot n} = \frac{n+1}{n} = 1 + \frac{1}{n}$$

$$\binom{n+1}{2} + \binom{n}{2} = \frac{(n+1) \cdot n}{2} + \frac{n \cdot (n-1)}{2} = \frac{n^2 + n + n^2 - n}{2} = n^2$$

$$\binom{n+1}{2} : \binom{n}{2} = \frac{(n+1) \cdot n}{2} \cdot \frac{2}{n \cdot (n-1)} = \frac{n+1}{n-1}$$

Aufgabe 5: Auswahl von Paaren
Wie viele Möglichkeiten gibt es, Paare aus sechs Menschen oder Dingen auszuwählen?

Lösung
Aus einer Sechsermenge ($n = 6$) können drei Paare ($k = 2$) gebildet werden. Geschieht dies nacheinander, mindert sich die Auswahl. Es gibt 15 Möglichkeiten, das erste Paar auszuwählen: (1, 2), (1, 3), (1, 4), (1, 5), (1, 6), (2, 3), (2, 4), (2, 5), (2, 6), (3, 4), (3, 5), (3, 6), (4, 5), (4, 6), (5, 6). Dieses Paar entfällt aus der Liste ebenso wie alle anderen, die eines der beiden Mitglieder des ausgewählten Paares enthalten. Es verbleiben noch vier, aus denen das zweite auszuwählen ist; das dritte bleibt dann übrig (Gl. 3.3). Werden die Paare als in einer Vertauschung zusammengehörend behandelt, zeigt sich das gleiche Ergebnis (Gl. 3.2): $C(6,2) \cdot C(4,2) \cdot C(2,2) = P(6,2,2,2) = 90$

Dies gilt jedoch nur, wenn es sowohl zwischen den Paaren als auch innerhalb der Paare eine Reihen- oder Rangfolge gibt. Geht es nur um die Verteilung, sind diese Vertauschungen herauszurechnen – mit anderen Worten ist noch durch $3! = 6$ zu teilen. Es bleiben 15 Möglichkeiten übrig, nicht-geordnete Paare zu bilden:

(1, 2) und (3, 4) und (5, 6)
(1, 2) und (3, 5) und (4, 6)
(1, 2) und (3, 6) und (4, 5)
(1, 3) und (2, 4) und (5, 6)
(1, 3) und (2, 5) und (4, 6)
(1, 3) und (2, 6) und (4, 5)
(1, 4) und (2, 3) und (5, 6)
(1, 4) und (2, 5) und (3, 6)
(1, 4) und (2, 6) und (3, 5)
(1, 5) und (2, 3) und (4, 6)
(1, 5) und (2, 4) und (3, 6)
(1, 5) und (2, 6) und (3, 4)
(1, 6) und (2, 3) und (4, 5)
(1, 6) und (2, 4) und (3, 5)
(1, 6) und (2, 5) und (3, 4)

Aufgabe 6: Auswahl von Büchern

In einem Regalfach stehen jeweils drei verschiedene englisch-, französisch- und spanischsprachige Bücher.

- Wie viele Möglichkeiten gibt es, ein beliebiges Buch auszuwählen?
- Wie viele Möglichkeiten gibt es, die Bücher so einzuordnen, dass diejenigen gleicher Sprache nebeneinander stehen?
- Und wie viele, bei Auswahl eines Paares zwei Bücher unterschiedlicher Sprache zu greifen?

Lösung

Es gibt $3 \cdot 3 \cdot 3 = 27$ Möglichkeiten, irgendein Buch auszuwählen. Drei Bücher gleicher Sprache können auf $3! = 6$ Arten angeordnet werden; das gilt für alle drei Sprachen, da es jeweils drei Bücher sind. Ferner sind dann noch die Gruppen untereinander auszutauschen: $3! \cdot 3! \cdot 3! \cdot 3! = (3!)^4 = 1.296$. Ferner gibt es $C(9,2) = 36$ Möglichkeiten, aus 9 Dingen 2 auszuwählen (Gl. 3.3); davon sind jedoch die 9 Paare gleichsprachiger Bücher abzuziehen (E_1/E_2, E_1/E_3, E_2/E_3, F_1/F_2, F_1/F_3, F_2/F_3, S_1/S_2, S_1/S_3, S_2/S_3). Die Zahl „gemischter" Paare beträgt 27.

Aufgabe 7. Anagramm

Wie viele Neuschöpfungen können entstehen aus „mir ist schlecht"? Welche davon sind ansatzweise sinnvoll, also der deutschen Sprache zuzuordnen?

Lösung

Ein Anagramm ist eine Vertauschung mit Wiederholungen (Gl. 3.2; hier sind es 14 Buchstaben, von denen c, h, i, s, t doppelt erscheinen und $P(14,2,2,2,2,2) = 2.724.321.600$ ergeben. Einigermaßen sinnvoll sind davon etwa die Folgenden:

Schleim-Schritt – mir ist schlecht – schlichter Mist – ich Trist-Schelm – schlecht im Rist – Schirm stilecht – schlich erst mit – im Elchs-Schritt – mit Schlichters – christlichstem – Schirm lettisch – schelmisch ritt – rechtlich misst – reimst schlicht – list schert mich – strichelst mich? – er mischt's Licht – mischt restlich – schmierst Licht? – misch erst Licht – streichst Milch – erst Milch-Tisch – sechs ritt Milch – rechts ist Milch – Restmilch Stich?

Aufgabe 8: Lagebeziehungen von Geraden in der Ebene
Wie viele Schnittpunkte (s) und Flächenstücke (f) entstehen, wenn sich Geraden (g = 1, 2, 3, 4, 5, ...) in ein und derselben Ebene schneiden? Sind Gesetzmäßigkeiten erkennbar?

Lösung (Abb. 5.3 und 5.4)
Zuerst werden die allgemeinen Fälle untersucht, in denen sich alle gezeigten Geraden schneiden, und zwar genau zwei in jedem Schnittpunkt:

- Auf jeder Geraden liegen (g – 1) Schnittpunkte.
- Die Gesamtzahl der Schnittpunkte folgt aus der Zahl der Geraden und bildet die Folge der Dreieckszahlen, vermindert um Eins.
- Die Zahl der gebildeten Flächenstücke bildet die Folge der Dreieckszahlen.
- Von den Flächenstücken sind jeweils 2 · g unendlich groß; die restlichen sind endlich, werden also von einigen der Geraden allseitig begrenzt.

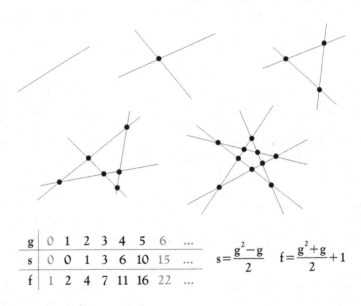

g	0	1	2	3	4	5	6	...
s	0	0	1	3	6	10	15	...
f	1	2	4	7	11	16	22	...

$$s = \frac{g^2 - g}{2} \qquad f = \frac{g^2 + g}{2} + 1$$

Abb. 5.3 Lagebeziehungen von Geraden in der Ebene (1)

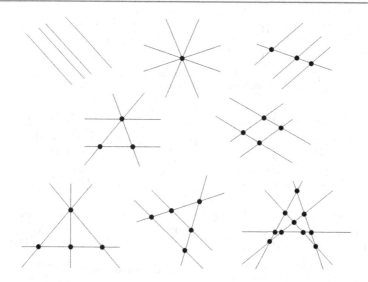

Abb. 5.4 Lagebeziehungen von Geraden in der Ebene (2)

Dann werden Sonderfälle untersucht:

- Schneiden die Geraden sich nicht *(Parallelität)*, wird die Ebene wird in unendlich lange Streifen geteilt ($s = 0$, $f = g + 1$).
- Schneiden sich alle Geraden in einem Punkt, entsteht ein Geradenbüschel ($s = 1$, $f = 2 \cdot g$).
- Schneidet nur eine Gerade alle anderen, entstehen ebenfalls Streifen ($s = g - 1$, $f = 2 \cdot g$).
- Für die Flächenstücke gilt das Gleiche wie oben beschrieben.

Aufgabe 9: Kohlenstoff-Verbindungen (1)
Welche Moleküle enthalten außer zwei Kohlenstoff-Atomen nur Wasserstoff- und Sauerstoff-Atome? Gibt es darunter *Isomere?*

Lösung (Abb. 5.5)
Etwa 15 Verbindungen gibt es tatsächlich; sie werden teils in großen Mengen hergestellt und verwendet. *Isomere* sind die *Ethansäure,* das *Hydroxyethanal,* der *Methansäuremethylester* und die beiden *Ethen-1.2-diole* ($C_2H_4O_2$) sowie das *Ethanol* und der *Dimethylether* ($C_2H_6O_2$). Es wurden einige weitere, allerdings wenig beständige, aufwendig herzustellende und nicht bedeutsame Verbindungen mit Ringen aus Kohlenstoff- und Sauerstoff-Atomen beschrieben.

Aufgabe 10: Zahlen und Ziffern (1)
Wie viele dreistellige Zahlen – die nicht mit 0 beginnen dürfen – lassen sich aus den üblichen Ziffern 0, 1, …, 8, 9 bilden?

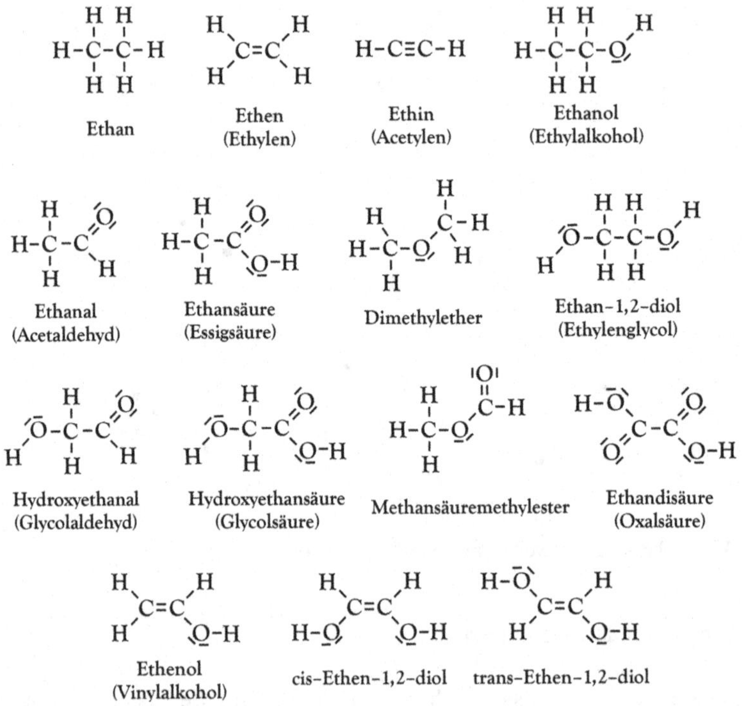

Abb. 5.5 Verbindungen mit zwei Kohlenstoff-Atomen

Lösung

Die ersten 1000 natürlichen Zahlen können als dreistellige Zeichenketten von 000 bis 999 geschrieben werden; von diesen beginnen 900 nicht mit 0 – diejenigen von 100 bis 999. Dürfen sich die Ziffern nicht wiederholen, handelt es sich eine geordnete Auswahl ohne Wiederholungen $V(10,3) = 10 \cdot 9 \cdot 8 = 720$ (Gl. 3.7). Davon beginnen 72 mit 0:

012, 013, 014, 015, 016, 017, 018, 019,
021, 023, 024, 025, 026, 027, 028, 029,
...
091, 092, 093, 094, 095, 096, 097, 098

Es verbleiben demzufolge 648 Zeichenketten.

Aufgabe 11: Würfel

Es wird zweimal hintereinander gewürfelt. Mit welcher Wahrscheinlichkeit fallen

- zwei Sechsen,
- eine gerade Augenzahl,

- gleiche Augenzahlen,
- mindestens eine Augenzahl von 6 oder
- höchstens eine Augenzahl von 9?

Lösung
Es gibt insgesamt 36 Möglichkeiten (statt der Liste kann auch ein Baum gezeichnet werden):

(1, 1), (1, 2), (1, 3), (1, 4), (1, 5), (1, 6)
(2, 1), (2, 2), (2, 3), (2, 4), (2, 5), (2, 6)
(3, 1), (3, 2), (3, 3), (3, 4), (3, 5), (3, 6)
(4, 1), (4, 2), (4, 3), (4, 4), (4, 5), (4, 6)
(5, 1), (5, 2), (5, 3), (5, 4), (5, 5), (5, 6)
(6, 1), (6, 2), (6, 3), (6, 4), (6, 5), (6, 6)

Zwei Sechsen sind mit einer Wahrscheinlichkeit von 1/36 (2,8 %) zu erwarten, eine gerade Augenzahl in der Hälfte der Fälle (50 %), gleiche Augenzahlen bei 1/6 (16,7 %), mindestens 6 Augen in 26/36 Fällen (72,2 %) und höchstens 10 Augen in 33/36 Fällen (91,7 %).

Aufgabe 12: Lagebeziehungen von Kreisen in einer Ebene
Zwei Kreise berühren sich entweder nicht oder in genau einem Punkt – oder sie schneiden sich in zwei Punkten. Wie aber verhält es sich bei drei Kreisen?

Lösung (Abb. 5.6)
Combinatorial Explosion ist der Grund, warum in der Schule nur zwei und nicht drei Kreise behandelt werden. Anhand der b Berührungspunkte und s Schnittpunkte ergeben sich mehrere Fallgruppen wegen b = 0, 1, 2, 3 und s = 0, 2, 4, 6 sowie b + s ≤ 6 (Tab. 5.1). Ferner ist offenkundig wichtig, ob ein Kreis einen oder beide andere einschließt. Fall 3b ist nicht trivial, da hier ein Kreis den Berührungspunkt der anderen schneidet. Die scheinbar einfache Aufgabe eröffnet Querverbindungen zu *Graphentheorie* und *Topologie*, denen hier leider nicht gefolgt werden kann ...

Aufgabe 13: Abstimmungen (1)
In einem Parlament gibt es mehrere Fraktionen. Wie groß müssen diese jeweils sein, damit eine die Abstimmungen gewinnen kann?

Lösung
Es gibt zwei Arten von Mehrheiten: Entweder hat eine Fraktion mehr als die Hälfte der Sitze *(absolut)* oder mehr Sitze als die Summe der anderen *(relativ)*. Um das Muster zu erkennen, ist eine Fallunterscheidung nötig (Tab. 5.2). Es erscheint das bekannte Muster aus $N_{k=1} = 1$ (Folge von Einsen), $N_{k=2} = n - 1$ (Folge der natürlichen Zahlen), $N_{k=3} = \frac{1}{2} \cdot (n - 1) \cdot (n - 2)$ (Folge der Dreieckszahlen). Es handelt sich um geordnete, nicht-leere Verteilungen.

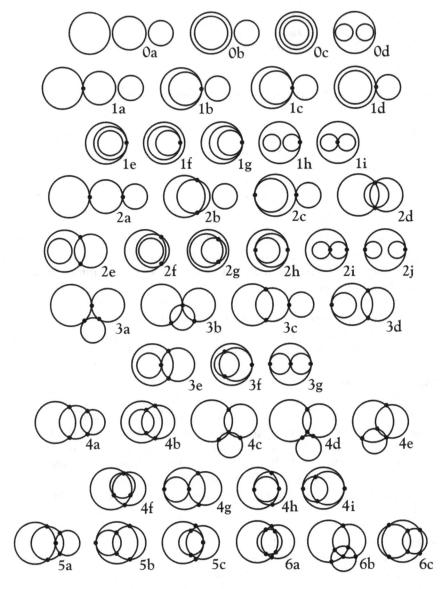

Abb. 5.6 Lagebeziehungen dreier Kreise

Sichere Mehrheiten (mit mindestens der Hälfte der Sitze) ergeben sich nach diesem Muster: Bei $k = 2$ gibt es für $n = 3$, 4 jeweils nur eine Möglichkeit, für $n = 5$, 6 sind es jeweils zwei; für $n = 7$, 8 lassen sich jeweils drei ermitteln. Das entspricht der Bildungsvorschrift $N_{k=2}(n, n + 1) = n - 2$ mit $n_1 = 3$. Ähnliches erscheint bei $k = 3$; hier sind es bei $n = 5$, 6 jeweils drei Möglichkeiten und, wenn

Tab. 5.1 Lagebeziehungen dreier Kreise

	s = 0	s = 2	s = 4	s = 6
b = 0	0a, b, c, d	2b, d, e, f, g	4a, b, c, e, f	6a, b, c
b = 1	1a, b, c, d, e, f, g, h, i	3c, d, e, f	5a, b, c	–
b = 2	2a, c, h, i, j	4d, g, h, i	–	–
b = 3	3a, g	–	–	–

Tab. 5.2 Sitzverteilung in einem Parlament

Zahl der Sitze	Zahl der Fraktionen k = 1	k = 2	k = 3
n = 1	(1) 1 Möglichkeit	–	–
n = 2	(2) 1 Möglichkeit	(1, 1) 1 Möglichkeit	–
n = 3	(3) 1 Möglichkeit	(2, 1), (1, 2) 2 Möglichkeiten	(1, 1, 1) 1 Möglichkeit
n = 4	(4) 1 Möglichkeit	(3, 1), (2, 2), (1, 3) 3 Möglichkeiten	(2, 1, 1), (1, 2, 1), (1, 1, 2) 3 Möglichkeiten
n = 5	(5) 1 Möglichkeit	(4, 1), (3, 2), (2, 3), (1, 4) 4 Möglichkeiten	(3, 1, 1), (1, 3, 1), (1, 1, 3), (2, 2, 1), (2, 1, 2), (1, 2, 2) 6 Möglichkeiten
n = 6	(6) 1 Möglichkeit	(5, 1), (4, 2), (3, 3), (2, 4), (1, 5) 5 Möglichkeiten	(4, 1, 1), (1, 4, 1), (1, 1, 4), (3, 2, 1), (3, 1, 2), (2, 3, 1), (2, 1, 3), (1, 3, 2), (1, 2, 3), (2, 2, 2) 10 Möglichkeiten

weiter gerechnet wird, für n = 7, 8 jeweils 9 und für n = 9, 10 jeweils 18. Das entspricht der Bildungsvorschrift $N_{k=3}(n, n+1) = 1{,}5 \cdot (n-5) \cdot (n-6)$ mit $n_1 = 5$ (siehe *OEIS: A045943*).

Aufgabe 14: Schlafplätze

Nach einer Veranstaltung sind in der Unterkunft 12 Leute auf zwei Dreibett- und drei Zweibettzimmer zu verteilen. Wie viele Möglichkeiten gibt es dafür?

Lösung

Der Ansatz wurde in Aufgabe 5 bereits erprobt: Beginnend mit den beiden Dreibettzimmern, kann für das erste aus 12 und für das zweite aus 9 Leuten ausgewählt werden; es verbleiben für die Zweibettzimmer nacheinander 6, 4, und 2 Leute (Gl. 3.2 und 3.3):

$$N(12,3,3,2,2,2) = C(12,3) \cdot C(9,3) \cdot C(6,2) \cdot C(4,2) \cdot C(2,2) = P(12,3,3,2,2,2)$$
$$= 1.663.200$$

Geht es jedoch nur darum, alle unterzubringen, und werden weder die Zimmer noch die Leute darin untereinander gewichtet, sind die entsprechenden Vertauschungen herauszurechnen: Wird durch $2! \cdot 3! = 12$ geteilt, ist das Ergebnis 138.600.

Aufgabe 15: Spiel mit Worten

Wie viele Worte lassen sich aus den Buchstaben des schönen deutschen Worts „Umsatzsteuergesetz" bilden?

Lösung

Rechnerisch wären zunächst die Anzahlen aller geordneten Auswahlen von 2 bis 18 Buchstaben mit Wiederholungen zu ermitteln (Gl. 3.12). Die bisherigen Beispiele für Anagramme zeigten die drohende *Combinatorial Explosion*. Erfahrungsgemäß erbringt diese alte Seminarübung spontan und ohne zu rechnen mehr als 150 Begriffe:

18 Buchstaben: *Umsatzsteuergesetz*

12 Buchstaben: *Umsatzsteuer*

10 Buchstaben: *Steuersatz*

9 Buchstaben: *Aussetzer*

8 Buchstaben: *traeumst, zumutest*

7 Buchstaben: *ruestet, steuert, streute, stuermt, Stuetze, Umsturz, zutraut*

6 Buchstaben: *Auster, Ersatz, Gatter, Gesetz, getreu, Messer, Muetze, musste, Muster, Mutter, raeumt, Ramses, rastet, saeumt, Sauger, Setzer, Statue, Steuer, Taeter, Trauer, Umsatz, Zaster, zuerst*

5 Buchstaben: *Aeste, aetzt, Armee, Armut, Aster, atmet, Euter, Gatte, Gerte, Geste, Graus, Masse, Matte, Mauer, Messe, messt, Meter, Metze, Meute, Ratte, Raute, Reuse, Russe, sauer, saust, Serum, Sesam, setzt, Start, statt, Sterz, stets, Streu, Sturm, Sturz, Stuss, Stute, Tarte, Tasse, Taste, Tatze, teuer, Traum, traut, Tuete, Tusse, zaust, zerrt, Zeste, Zutat*

4 Buchstaben: *Arzt, Atem, Azur, Etat, erst, euer, eure, Gast, grau, Gurt, Guss, Mars, Mast, matt, Matz, Maus, Meer, muss, Rast, Raum, raus, Reet, Rest, Reue, Rute, sagt, Samt, satt, Satz, Saum, Star, Steg, stur, Teer, Term, Terz, Test, trat, treu, Tuer, Turm, Tute, zart, Zaum, Zeug, Zeus*

3 Buchstaben: *Amt, arm, Ast, aus, Erz, Gas, Gau, Gut/gut, Mus, Mut, Rum, Sau, See, Tag, Tat, Tee, tut, Zar, Zug, zum*

2 Buchstaben: *ab, am, As, um, zu*

Aufgabe 16: Gruppeneinteilung

Wie können n Leute in zwei Gruppen eingeteilt werden? Eine Gruppe muss mindestens aus zwei Leuten bestehen.

Lösung

Wenn es gleichgültig ist, wer in welche Gruppe kommt, zeigt sich:

- Bei vier Leuten kann nach $4 = 2 + 2$ aufgeteilt werden,
- bei fünf Leuten nach $5 = 2 + 3$,
- bei sechs Leuten nach $6 = 2 + 4 = 3 + 3$,
- bei sieben Leuten nach $7 = 2 + 5 = 3 + 4$,
- bei acht Leuten nach $8 = 2 + 6 = 3 + 5 = 4 + 4$,
- bei neun Leuten nach $9 = 2 + 7 = 3 + 6 = 4 + 5$,
- bei zehn Leuten nach $10 = 2 + 8 = 3 + 7 = 4 + 6 = 5 + 5$ und so fort.

Die nicht-geordneten Verteilungen ($n \geq 4$, $k = 2$) zeigen ein Muster nach $N(n, n+1) = \frac{1}{2} \cdot n - 1$ mit $n_1 = 4$ (Tab. 5.3); das erinnert nicht zufällig an Aufgabe 13. Um geordnet zu gruppieren, ist zu vertauschen (Gl. 3.2 und 3.3); Dopplungen sind herauszurechnen:

$P(4,2,2,2) = 3$

Das sind (1, 2) und (3, 4), (1, 3) und (2, 4) oder (1, 4) und (2, 3).

$P(5,2) = C(5,2) = 10$

Das sind (1, 2) und (3, 4, 5); (1, 3) und (2, 4, 5); (1, 4) und (2, 3, 5); (1, 5) und (2, 3, 4); (2, 3) und (1, 4, 5); (2, 4) und (1, 3, 5); (2, 5) und (1, 3, 4); (3, 4) und (1, 2, 5); (3, 5) und (1, 2, 4); (4, 5) und (1, 2, 3).

$N(6,2) = P(6,2,4) + \frac{1}{2} \cdot P(6,3,3) = C(6,2) + \frac{1}{2} \cdot P(6,3,3) = 15 + 10 = 25$

Das sind (1, 2) und (3, 4, 5, 6); (1, 3) und (2, 4, 5, 6); (1, 4) und (2, 3, 5, 6); (1, 5) und (2, 3, 4, 6); (1, 6) und (2, 3, 4, 5); (2, 3) und (1, 4, 5, 6); (2, 4) und (1, 3, 5, 6); (2, 5) und (1, 3, 4, 6); (2, 6) und (1, 3, 4, 5); (3, 4) und (1, 2, 5, 6); (3, 5) und (1, 2, 4, 6); (3, 6) und (1, 2, 4, 5); (4, 5) und (1, 2, 3, 6); (4, 6) und (1, 2, 3, 5); (5, 6) und (1, 2, 3, 4) sowie

(1, 2, 3) und (4, 5, 6); (1, 2, 4) und (3, 5, 6); (1, 2, 5) und (3, 4, 6); (1, 2, 6) und (3, 4, 5); (1, 3, 4) und (2, 5, 6); (1, 3, 5) und (2, 4, 6); (1, 3, 6) und (2, 4, 5); (1, 4, 5) und (2, 3, 6); (1, 4, 6) und (2, 3, 5); (1, 5, 6) und (2, 3, 4).

Aufgabe 17: Taschengeld

Wie können 6 € so unter 3 Kindern verteilt werden, dass

- jedes Kind die gleiche Summe erhält,
- jedes Kind mindestens einen Euro erhält,

Tab. 5.3 Aufteilung in zwei Gruppen

Anzahl n	2	3	4	5	6	7	8	9	10	11	OEIS
Möglichkeiten Nicht-geordnet	0	0	1	1	2	2	3	3	4	4	A004526
Möglichkeiten Geordnet	0	0	3	10	25	56	119	246	501	1012	A000247

- ein Kind nichts erhält,
- ein Kind alles und die anderen nichts erhalten,
- alle Kinder etwas erhalten, aber unterschiedliche (geradzahlige) Beträge?

Lösung

Zu berücksichtigen sind alle möglichen geordneten Vertauschungen *(Permutationen)* und Verteilungen *(Partitionen)* mit Wiederholungen und leeren Mengen, sofern sich drei Summanden ergeben (Gl. 3.1 und 3.2). Das ergibt immerhin 28 Fälle:

$$3 \cdot (3!/2!) = 9$$

Das sind (6, 0, 0); (0, 6, 0); (0, 0, 6); (4, 1, 1); (1, 4, 1); (1, 1, 4); (3, 3, 0), (3, 0, 3), (0, 3, 3).

$$3 \cdot 3! = 18$$

Das sind (5, 1, 0); (5, 0, 1); (1, 5, 0); (1, 0, 5); (0, 5, 1); (0, 1, 5); (4, 2, 0); (4, 0, 2); (2, 4, 0); (2, 0, 4); (0, 4, 2); (0, 2, 4); (3, 2, 1); (3, 1, 2); (2, 3, 1); (2, 1, 3); (1, 3, 2); (1, 2, 3).

Es fehlt noch (2, 2, 2); nur in einem Fall erhält jedes Kind also den gleichen Betrag (3,6 %).

In weiteren 9 Fällen (knapp ein Drittel) erhält jedes Kind mindestens einen Euro (32,1 %). In 15 Fällen (mehr als der Hälfte) erhalten nur zwei Kinder etwas (53,6 %), in weiteren 3 Fällen (mehr als einem Zehntel) erhält ein Kind alles (10,7 %).

Aufgabe 18: Test

Eine Testaufgabe bietet 5 Antworten zum Ankreuzen *(Multiple Choice)*. Zwei sind richtig und bringen zwei Punkte; jeweils eine davon bringt einen Punkt.

Wie groß ist die Wahrscheinlichkeit, durch zufälliges Ankreuzen zwei Punkte zu schaffen?

Wie groß ist sie, wenn die eine Antwort sicher gewusst und die andere geraten wird?

Wie groß ist die Wahrscheinlichkeit, keinen Punkt zu erhalten, wenn eine falsche Antwort mit einer richtigen verrechnet wird – im ersten und im zweiten Fall?

Lösung

Die Reihenfolge der Beantwortung ist nicht wichtig, es handelt sich um eine nicht-geordnete Auswahl. Ohne Wissen gibt es C(5,2) = 10 Möglichkeiten, zwei Antworten auszuwählen: (1, 2), (1, 3), (1, 4), (1, 5), (2, 3), (2, 4), (2, 5), (3, 4), (3, 5), (4, 5). Eine davon ist richtig; daher beträgt die Wahrscheinlichkeit, zwei Punkte zu erzielen, 10 %, und die Wahrscheinlichkeit, nur einen Punkt zu erzielen, 30 % (da eine richtige Antwort in drei anderen Paaren steckt). Ist ein Punkt zu 100 % sicher, muss nur noch zwischen den restlichen vier entschieden werden; die Wahrscheinlichkeit des Erfolgs beträgt nun schon 25 %.

„Löscht" eine falsche Antwort eine richtige, bleibt im ersten Fall nur die Wahrscheinlichkeit von 10 %, beide Punkte zu kriegen, und im zweiten Fall vermindert sich die Wahrscheinlichkeit, den „sicheren" Punkt zu behalten, auf 25 % für den zweiten Punkt. Wird vorsichtshalber nur ein Kreuz gemacht, beträgt die Wahrscheinlichkeit für einen Punkt 20 %.

Aufgabe 19: Spielkarten
Ein übliches Kartenspiel (n = 52) wird gemischt. Wie groß ist die Wahrscheinlichkeit, dass danach im Stapel jeweils oben und unten ein As liegt?

Lösung
52 Karten können nach dem Mischen auf 52! Arten im Stapel angeordnet sein (Gl. 3.1). Liegt oben und unten ein As, gibt es 12 Möglichkeiten: Herz oben und Kreuz unten, Herz oben und Karo unten, Herz oben und Pik unten, Kreuz oben und Karo unten, Kreuz oben und Pik unten, Karo oben und Pik unten sowie die 6 Umkehrungen. Dazwischen sind jeweils die restlichen Karten auf 50! Arten angeordnet. Die Wahrscheinlichkeit einer solchen Anordnung beträgt weniger als ein halbes Prozent nach 12 · 50!/52! = 12/(51 · 52) = 1/221.

Aufgabe 20: Verteilung
Wie ist die Pfadabhängigkeit im Young-Diagramm zu erklären?

Lösung (Abb. 5.7)
Wird Nicht-Unterscheidbares umverteilt, zeigen sich nur die grundsätzlich möglichen Ordnungsbeziehungen. Wird aber Unterscheidbares umverteilt, ergibt sich, dass die erste Stelle (links oben) die erste bleibt, die ursprünglich letzte zur zweiten (von oben) und die ursprünglich zweite wird zur letzten wird. Daher können aus der waagerechten Reihenfolge (n – 3)! senkrechte Reihenfolgen entstehen: Ab n = 4 sind es zwei Ereignisstränge, aber noch mit gleichem Ergebnis an Ende; ab n = 5 gibt es zwei unterschiedliche Ergebnisse.

Aufgabe 21: Herleitung
Wie groß ist $a^n/n!$, wobei a eine beliebige ganze Zahl sein kann?

Lösung
Der Bruch hat im Zähler und Nenner jeweils die gleiche Zahl n von Faktoren. Nun ist a nicht bekannt, doch führt Potenzierung bekanntlich zu großen Zahlen – die Bildung der Fakultät aber auch. Wächst nun der Zähler oder der Nenner schneller? Dies lässt sich ermitteln, wenn n sehr große Werte annimmt; gesucht wird ein Grenzwert. Es zeigt sich, dass der Wert des Terms nicht von a abhängig ist und der Nenner schnell wächst. Für sehr große Werte von n strebt der Bruch somit gegen Null, damit der ganze Term:

$$\frac{a^n}{n!} = \frac{a \cdot a \cdot \ldots \cdot a \cdot a}{1 \cdot 2 \cdot \ldots \cdot (n-1) \cdot n} = a \cdot \frac{a}{2} \cdot \ldots \cdot \frac{a}{n-1} \cdot \frac{a}{n}$$

Abb. 5.7 Young-Diagramm
(n = 5) für nicht-
unterscheidbare (links) und
unterscheidbare Anordnungen

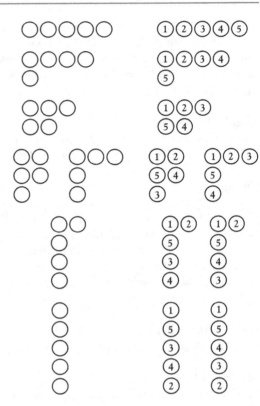

$$\lim_{n \to 0} \frac{a^n}{n!} = a \cdot \lim_{n \to 0} 1 \cdot \frac{1}{2} \cdot \frac{1}{3} \cdot \ldots \cdot \frac{1}{n-2} \cdot \frac{1}{n-1} \cdot \frac{1}{n} = 0$$

Aufgabe 22: Glockenturm

Die Glocken eines Kirchturms schlagen nicht nur zur vollen Stunde, sondern vermelden auch die Viertelstunden. Wie oft schlagen sie am Tag?

Lösung

Die Viertelstunden werden üblicherweise in jeder Stunde mit einem, zwei, drei und vier Schlägen angezeigt; somit sind täglich $24 \cdot (1+2+3+4) = 240$ Schläge zu vernehmen.

Die vollen Stunden werden meist von einer größeren, lauter tönenden Glocke und nur bis zur 12 geschlagen; das führt täglich zu $2 (1 + 2 + 3 + 4 + 5 + 6 + 7 + 8 + 9 + 10 + 11 + 12) = 156$ Schlägen. Hier erscheint einmal mehr die Folge der Dreieckszahlen.

Über den gesamten Tag sind also 396 Schläge von (mindestens) zwei Glocken zu vernehmen. Das erklärt mancherorts Heimatgefühle bei Alteingesessenen und Stresserscheinungen bei Zugezogenen in der Nachbarschaft.

Aufgabe 23. Wegeplanung
Eine Inspektion der 15 Filialen einer Einzelhandelskette soll stattfinden. Aus Zeitgründen können nur 5 ausgewählt werden. Wie viele Möglichkeiten gibt es dafür?

Lösung
Es handelt sich um eine geordnete Auswahl nach $V(15,5) = 15!/10! = 3003$ (Gl. 3.7); tatsächlich wäre die Auswahl wohl durch unterschiedliche Wegstrecken eingeschränkt.

Aufgabe 24: Wege im Gitter
Wie viele Wege führen in einem ebenen rechtwinkligen Gitter *(Dimensionalität D_2)* von einem Punkt zum anderen?

Lösung (Abb. 5.8)
Die fünf einfachsten derartigen Gitter sind gezeigt. Bewegungen geschehen nur in zwei Richtungen, beide sind senkrecht zueinander *(Koordinatensystem: x-, y-Richtung)*. In einem unendlichen Gitter gibt es unendlich viele Wege zwischen zwei Punkten; die meisten davon sind Umwege. Gesucht sind also die jeweils kürzesten Wege. Deren Länge ist gleich der Summe der Teilstrecken in beiden Richtungen ($\Delta x + \Delta y$), deren Anzahl aber der nicht-geordneten Auswahl der Teilstrecken entweder in der einen oder der anderen Richtung:

$$N(P_1,P_2) = N((x_1,y_1), (x_2,y_2)) = C((\Delta x + \Delta y), \Delta x) = C((\Delta x + \Delta y), \Delta y)$$

Zwischen den Punkten $P_1(2,1)$ und $P_2(5,4)$ gibt es also 15 Wege der Länge 6 Einheiten, denn $\Delta x = \Delta y = 3$ ergibt $\Delta x + \Delta y = 6$ und damit $C(6,3) = 15$.

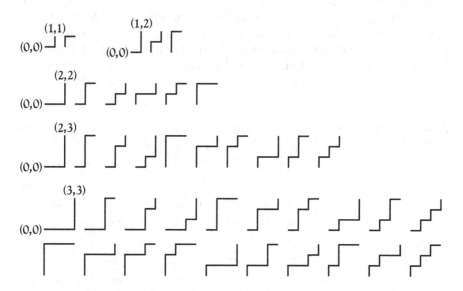

Abb. 5.8 Wege im Gitter

Aufgabe 25: Wandertag
Die 25 Kinder der Klasse besuchen eine Sportanlage und können wählen zwischen
Fußball, Radfahren und Schwimmen. 2 wollen nichts davon, 4 dafür alles aus-
probieren. 4 wollen Fußball und Radfahren, 2 Fußball und Schwimmen, 2
Schwimmen und Radfahren. Wie können die übrigen verteilt werden, wenn es nur
zwölf Fahrräder gibt?

Lösung
Es sind alle möglichen Zusammenstellungen ermitteln; davon gibt es $2^3 = 8$:

$$n_F + n_R + n_S + n_{FR} + n_{FS} + n_{RS} + n_{FRS} + n_0 = 25$$
$$n_F + n_R + n_S + 4 + 2 + 2 + 4 + 2 = 25$$
$$n_F + n_R + n_S = 11$$

Falls die Kinder es nicht schaffen, sich abzusprechen, können nur noch zwei Fahr-
rad fahren und die restlichen 9 sich auf Fußball und Schwimmen verteilen.

Aufgabe 26. Zahlen und Ziffern (2)
Wie viele Einsen erscheinen in den Ziffern von 1 bis 100 und von 1 bis 1000?
Welches Muster ist erkennbar?

Lösung
Die 100 Ziffern von 1 bis 100 sind überwiegend zweistellig (90 von 10 bis 99),
ansonsten einstellig (9 von 1 bis 9) oder dreistellig (eine, die 100). Sind die
benötigten 190 Ziffern von 0 bis 9 etwa gleichverteilt? Dann wären es 19 Einsen.
Von 1 bis 10 werden zwei Einsen benötigt; von 11 bis 20 sind es zehn (11 hat
zwei davon!) Zwischen 21 und 100 erscheint eine Eins in 21, 31, 41, 51, 61, 71,
81, 91 und schließlich 100; das sind acht. Insgesamt sind es also 20. Das Muster
zeigt sich in einer etwas anschaulicheren Darstellung (Tab. 5.4); außerdem ist es
sinnvoll, mit der Null zu beginnen: Die Stellenzahl ist hier wichtig. Im Hunderterblock von 0 bis 99 sind es 19 Einsen. Im Hunderterblock von 100 bis 199 sind es
auch 19 Einsen – sowie weitere 100 Einsen, da die betreffenden 100 Ziffern alle

Tab. 5.4 Häufigkeit der Ziffern

0	1	2	3	4	5	6	7	8	9
10	11	12	13	14	15	16	17	18	19
20	21	22	23	24	25	26	27	28	29
30	31	32	33	34	35	36	37	38	39
40	41	42	43	44	45	46	47	48	49
50	51	52	53	54	55	56	57	58	59
60	61	62	63	64	65	66	67	68	69
70	71	72	73	74	75	76	77	78	79
80	81	82	83	84	85	86	87	88	89
90	91	92	93	94	95	96	97	98	99

mit einer weiteren Eins beginnen. Das sind 119. Für die nächsten acht Hunderter-blöcke 200 bis 299, 300 bis 399, …, 900 bis 999 sind es jeweils wieder 19. Dazu kommt noch eine Eins bei der 1000 (die aber schon wieder zu einem neuen Block gehört). Insgesamt sind es also

$$P_1(0\text{–}99) = 19$$
$$P_1(0\text{–}999) = 10 \cdot 19 + 100 = 291$$
$$P_1(0\text{–}9999) = 100 \cdot 19 + 9 \cdot 100 + 1000 = 1990$$

Letzteres ist die Summe von 100 Hunderterblöcken, dazu die führenden Einsen von 100 bis 199, die in allen neun Tausenderblöcken vorkommen (1100 bis 1199, 2100 bis 2199, …, 8100 bis 8199, 9100 bis 9199), sowie die 100 führenden Einsen des ersten Tausenderblocks von 1000 bis 1999.

Aufgabe 27. Münzwurf
Eine Münze wird geworfen. Wie groß ist die Wahrscheinlichkeit bei n Würfen, dass nach einer bestimmten Zahl von „Wappen" das erste Mal „Zahl" kommt?

Wie groß ist die Wahrscheinlichkeit, bei acht Münzwürfen in mehr als der Hälfte der Fälle „Zahl" zu werfen?

Lösung
Die Münze sei ausbalanciert. Bei jedem von n Würfen kann „Wappen" oder „Zahl" bringen. Eine große Zahl von Versuchen liefert zur Hälfte „Wappen", zur Hälfte „Zahl". Das Ergebnis eines Wurf wirkt nicht auf den nächsten. Für den jeweils nächsten Versuch besteht also immer die Wahrscheinlichkeit von jeweils 50 %, dass als nächstes „Wappen" oder „Zahl" erscheint. Wurde eine Zahl von n Versuchen vorab festgelegt, können die ersten i Würfe durchaus nur „Wappen" erbringen; das bedeutet nichts für die restlichen j Würfe ($n = i + j$). Der bisher ver-wirklichte der 2^i Ereignisstränge verzweigt sich nun in 2^j weitere Ereignisstränge mit beliebigen Abfolgen von „Wappen" und „Zahl".

Im zweiten Fall sind $2^8 = 256$ Ereignisstränge möglich. Davon werden nur die-jenigen betrachtet, die „Zahl" fünf-, sechs-, sieben- und achtmal enthalten:
$$P = (C(8,5) + C(8,6) + C(8,7) + C(8,8))/2^8 = (56 + 28 + 8 + 1)/256 = 0,363$$
Die Wahrscheinlichkeit beträgt gut 36 %.

Aufgabe 28. Abstimmungen (2)
Bei einer Gremienwahl sind 20 Leute stimmberechtigt. Zwei haben sich zur Wahl gestellt, dürfen aber nicht selbst mitstimmen. Wie kann die Wahl ausgehen?

Lösung
Jeder Wählende hat nur eine Stimme, diese kann jedoch ungültig sein (etwa wenn kein Name angekreuzt wird). Wer sich zur Wahl stellt, erhält also zwischen 0 und n Stimmen. Gesucht wird das Muster (Tab. 5.5), dabei steht n für die Wählenden, k für die Kandidaten. Es empfehlen sich grundsätzliche Überlegungen zur Ver-teilung der Stimmen: Es zeigt sich ein Muster nach $N_{k=1} = (n+1)/1!$ und $N_{k=2} = (n+1) \cdot (n+2)/2!$ sowie $N_{k=3} = (n+1) \cdot (n+2) \cdot (n+3)/3!$; dies lässt sich bedarfsweise fortsetzen – siehe Aufgabe 13.

Tab. 5.5 Stimmenverteilungen bei Wahlen

	$k = 1$	$k = 2$	$k = 3$
$n = 0$	(0) 1 Möglichkeit	(0, 0) 1 Möglichkeit	(0, 0, 0) 1 Möglichkeit
$n = 1$	(1), (0) 2 Möglichkeiten	(1, 0), (0, 1) (0, 0) 3 Möglichkeiten	(1, 0, 0) in 3 Reihenfolgen sowie (0, 0, 0) 4 Möglichkeiten
$n = 2$	(2), (1), (0) 3 Möglichkeiten	(2, 0), (1, 1), (0, 2), (1, 0), (0, 1), (0, 0) 6 Möglichkeiten	(2, 0, 0) in 3 Reihenfolgen, (1, 1, 0) in 3 Reihenfolgen, (1, 0, 0) in 3 Reihenfolgen sowie (0, 0, 0) 10 Möglichkeiten
$n = 3$	(3), (2), (1), (0) 4 Möglichkeiten	(3, 0), (2, 1), (1, 2), (0, 3), (2, 0), (1, 1), (0, 2), (1, 0), (0, 1), (0, 0) 10 Möglichkeiten	(3, 0, 0) in 3 Reihenfolgen, (2, 1, 0) in 6 Reihenfolgen, (2, 0, 0) in 3 Reihenfolgen, (1, 1, 0) in 3 Reihenfolgen, (1, 0, 0) in 3 Reihenfolgen sowie (1, 1, 1) und (0, 0, 0) 20 Möglichkeiten
$n = 4$	(4), (3), (2), (1), (0) 5 Möglichkeiten	(4, 0), (3, 1), (2, 2), (1, 3), (0, 4), (3, 0), (2, 1), (1, 2), (0, 3), (2, 0), (1, 1), (0, 2), (1, 0), (0, 1), (0, 0) 15 Möglichkeiten	(4, 0, 0) in 3 Reihenfolgen, (3, 1, 0) in 6 Reihenfolgen, (2, 2, 0) in 3 Reihenfolgen, (2, 1, 1) in 3 Reihenfolgen, (3, 0, 0) in 3 Reihenfolgen, (2, 1, 0) in 6 Reihenfolgen, (2, 0, 0) in 3 Reihenfolgen, (1, 1, 0) in 3 Reihenfolgen, (1, 0, 0) in 3 Reihenfolgen sowie (1, 1, 1) und (0, 0, 0,) 35 Möglichkeiten
$n = 5$	(5), (4), (3), (2), (1), (0) 6 Möglichkeiten	(5, 0), (4, 1), (3, 2), (2, 3), (1, 4), (0, 5), (4, 0), (3, 1), (2, 2), (1, 3), (0, 4), (3, 0), (2, 1), (1, 2), (0, 3), (2, 0), (1, 1), (0, 2), (1, 0), (0, 1), (0, 0) 21 Möglichkeiten	(5, 0, 0) in 3 Reihenfolgen, (4, 1, 0) in 6 Reihenfolgen, (3, 2, 0) in 6 Reihenfolgen, (3, 1, 1) in 3 Reihenfolgen, (2, 2, 1) in 3 Reihenfolgen, (4, 0, 0) in 3 Reihenfolgen, (3, 1, 0) in 6 Reihenfolgen, (2, 2, 0) in 3 Reihenfolgen, (2, 1, 1) in 3 Reihenfolgen, (3, 0, 0) in 3 Reihenfolgen, (2, 1, 0) in 6 Reihenfolgen, (2, 0, 0) in 3 Reihenfolgen, (1, 1, 0) in 3 Reihenfolgen, (1, 0, 0) in 3 Reihenfolgen sowie (1, 1, 1) und (0, 0, 0) 56 Möglichkeiten

Im obigen Fall sind 351 Wahlausgänge möglich, aber nicht gleich wahrscheinlich: Es wirken Zu- und Abneigungen der Beteiligten, Absprachen, eben die bei Wahlen nicht zu vermeidende Gemengelage aus Vorgeschichte und Rahmenbedingungen. Von den möglichen Wahlausgängen ($k = 2$) führen zu einer klaren Entscheidung 2 ($n = 1$), 4 ($n = 2$), 8 ($n = 3$), 12 ($n = 4$), 18 ($n = 5$), ...; die Bildungsvorschrift $N'_{k=2} = \frac{1}{2} \cdot n \cdot (n+2)$ ist dafür eine Näherung: Etwa zwei Drittel der Wahlausgänge würden eine klare Entscheidung bringen.

Aufgabe 29. Medikament
Der Arzt verordnet ein Medikament: Es sollen täglich vier Tabletten im Abstand von drei Stunden eingenommen werden, beginnend mit dem Frühstück um 8 Uhr. Wann ist die letzte Tablette einzunehmen?

Lösung
Um 8 Uhr wird die erste eingenommen, um 11 Uhr die zweite, um 14 Uhr die dritte, um 17 Uhr die letzte. Es sind zwar vier Tabletten, aber nur drei Zeitabschnitte dazwischen.

Aufgabe 30. Gerüchte
In einer Gruppe erfährt einer etwas Wichtiges und gibt es sofort an seinen besten Freund weiter. Dieser verfährt entsprechend. Wann erreicht den ersten die von ihm in Umlauf gebrachte Botschaft?

Lösung
In einer Gruppe von n Leuten kann der erste auswählen, an wen der restlichen $(n - 1)$ Leute er etwas weitergibt. Das betreffende zweite Gruppenmitglied hat die Wahl zwischen $(n - 2)$ Nun ist zu berücksichtigen, wie die Botschaft weitergegeben wird: Einerseits gibt es bekanntlich Mittel, um die gesamte Gruppe gleichzeitig zu versorgen; andererseits gibt es in jeder Gruppe stärker oder schwächer vernetzte Mitglieder. Letztere erfahren die Nachricht etwas später. Die $C(n,2) = \frac{1}{2} \cdot (n^2 - n)$ Zweierbeziehungen sind wichtig (Gl. 3.5). Letztlich entscheiden Mittel und Streuung über die Geschwindigkeit der Weitergabe. Ferner verändert sich die Nachricht (Stichwort „Stille Post"): Den Urheber können innerhalb des gleichen Tages mehrere eigenartige Fassungen seiner Botschaft erreichen.

Aufgabe 31: Abstimmungen (3)
Ein Gremium mit sechs Mitgliedern soll gebildet werden aus 13 Frauen und 9 Männern. Wie viele Möglichkeiten gibt es dafür, wenn

- gleich viele Männer und Frauen dazu gehören sollen,
- dabei zwei der Frauen und drei der Männer nicht mitwirken wollen oder
- das Gremium entsprechend der Anteile von Männern und Frauen zu bilden ist,
- mindestens ein Mann und eine Frau vertreten sein müssen?

Lösung

Im ersten Fall müssen zuerst jeweils drei Frauen und Männer ausgewählt werden, aus diesen Teilmengen ergibt sich die Zahl der Zusammenstellungen im Gremium (Gl. 3.3):

$C(13,3) \cdot C(9,3) = 176 \cdot 84 = 14.784$

Im zweiten Fall sind die Betreffenden vorher herauszurechnen:

$C(11,3) \cdot C(6,3) = 165 \cdot 20 = 3300$

Im dritten Fall ergibt sich aus dem Frauenanteil von etwa 60 % Anspruch auf einen halben Sitz mehr; entweder bleibt es bei 3:3 Sitzen, oder es werden 4:2 Sitze. Letzteres würde die eben berechneten Möglichkeiten verändern:

$C(13,4) \cdot C(9,2) = 715 \cdot 36 = 25.740$

$C(11,4) \cdot C(6,2) = 330 \cdot 15 = 4950$

Im letzten Fall ergibt das Anwenden der *Vandermonde-Identität* (Gl. 3.4):

$C(13,1) \cdot C(6,5) + C(13,2) \cdot C(6,4) + C(13,3) \cdot C(6,3) + C(13,4) \cdot C(6,2) + C(13,5) \cdot C(6,1)$

$= 13 \cdot 6 + 78 \cdot 15 + 286 \cdot 20 + 715 \cdot 15 + 1287 \cdot 6 = 78 + 1170 + 5720 + 10.725 + 7722 = 25.415$

Aufgabe 32: Zahlen und Ziffern (3)

Wie viele vierstellige Zeichenketten können aus den Ziffern 0, 1, 2, 3, 4, 5, 6, 7, 8, 9 gebildet werden, die jeweils nur zwei der zehn Ziffern enthalten?

Lösung

Es gibt $C(10,2) = 45$ nicht-geordnete Paarungen von Ziffern (Gl. 3.5); diese sind mit allen möglichen Wiederholungen in allen Reihenfolgen auf vier Stellen zu verteilen, hier am Beispiel von 0 und 1 (Gl. 3.2):

$P(0,0,0,1) = 4!/3! = 4$

$P(0,0,1,1) = 4!/(2! \cdot 2!) = 6$

$P(0,1,1,1) = 4!/3! = 4$

Es können $45 \cdot 14 = 630$ Zeichenketten gebildet werden.

Aufgabe 33. Arbeitszeit

Ein Vollzeit-Angestellter muss seine Arbeitszeit auf die sieben Wochentage verteilen, will dabei aber sonnabends oder sonntags frei haben. Wie viele Möglichkeiten gibt es?

Lösung

Es gibt drei Fälle – 1.) montags bis freitags, 2.) viermal montags bis freitags sowie sonnabends, 3.) viermal montags bis freitags sowie sonntags. Das sind also $C(5,5) + 2 \cdot C(5,4) = 11$ Möglichkeiten (Gl. 3.3).

Aufgabe 34: Büffet

Als das Buffet freigeben wird, liegen dort 25 verschiedene Schokoladentörtchen und 20 verschiedene Obsttörtchen. Wie viele Möglichkeiten der Auswahl gibt es, wenn

- der erste ein Törtchen von jeder Sorte nimmt, der zweite aber nur eines von einer Sorte?
- der erste nur eines nimmt, der zweite aber eines von jeder Sorte?

Lösung
Der erste nimmt eines der 25 Schokoladen- und eines der 20 Obsttörtchen; dafür gibt es $25 \cdot 20 = 500$ Möglichkeiten der Zusammenstellung. Der zweite hat die Wahl zwischen 24 Schokoladen- und 19 Obsttörtchen; wird nur eines genommen, sind es $24 + 19 = 43$ Möglichkeiten. So ergeben sich $500 \cdot 43 = 21.500$ Möglichkeiten für das Gesamtgeschehen.

Der erste hat eine Auswahl von $25 + 20 = 45$ Törtchen und nimmt eines; damit ergeben sich zwei Fälle: Wurde eines der 25 Schokoladentörtchen genommen, verändert sich die Auswahl für den zweiten zu $24 \cdot 50 = 450$ Möglichkeiten. Wurde eines der 20 Obsttörtchen genommen, geht es um $25 \cdot 19 = 475$ Möglichkeiten. Das wären $45 \cdot 450 = 20.250$ oder $45 \cdot 475 = 21.375$ Möglichkeiten für beide. Es ist also ziemlich gleichgültig, und Geschmack richtet sich ohnehin nicht nach der Zahl der Möglichkeiten.

Aufgabe 35. Bewerbungsverfahren
Aus einer großen Zahl von Bewerbungen wurden vier ausgewählt, die Betreffenden zum ersten Gespräch eingeladen. Die drei Mitglieder des Auswahlgremiums vereinbaren, nach Gesprächen anhand eines kurzen Fragebogens die Eignung durch paarweise Vergleiche zu gewichten. Dabei soll jeder für sich entscheiden. Zum zweiten Gespräch eingeladen wird, wessen Punktsumme im oberen Fünftel des Möglichen liegt. Was kann passieren?

Lösung
Werden A, B, C, D paarweise verglichen, sind 6 Vergleiche erforderlich (Gl. 3.5): A/B, A/C, A/D, B/C, B/D, C/D. Bei diesem Verfahren müssen zwingend Punkte vergeben werden, und niemand kann mehr als 3 Punkte auf sich vereinigen: $a + b + c + d = 6$ mit $0 \leq a, b, c, d \leq 3$. Es können nur einmal drei Punkte vergeben werden. Daraus folgen diese Verteilungen:
  (3, 2, 1, 0) in 24 Reihenfolgen,
  (3, 1, 1, 1) in 4 Reihenfolgen,
  (2, 2, 2, 0) in 4 Reihenfolgen,
  (2, 2, 1, 1) in 6 Reihenfolgen (Gl. 3.1 und 3.2); insgesamt sind es 38 Möglichkeiten. Daraus kann der Durchschnitt der 3 Bewertungen gebildet werden; das obere Fünftel von 18 Punkten wären 16, 17 und 18 Punkte. Doch bewirkt bereits eine einzige stark abweichende Wertung, dass niemand diese erreicht; dann ist zu beraten.

Aufgabe 36: Kohlenstoff-Verbindungen (2)
In den Molekülen des Kohlenwasserstoffs Ethan C_2H_6 sind alle Wasserstoff-Atome durch Chlor-Atome austauschbar. Wie viele Verbindungen können entstehen?

Lösung
Das Beispiel der Chlorbenzole lässt vermuten, dass es weniger als $2^6 = 64$ sind. Zur Suche nach dem Muster werden auch die beiden benachbarten Kohlenwasserstoffe untersucht (Tab. 5.6). Die Cl-Atome sind auf die C-Atome zu verteilen; endständige C-Atome in CH_3-Gruppen sind gleichwertig (das Molekül ist frei beweglich).

Im Labor ist mitunter eine niedrige Ausbeute zu beklagen (sofern sich diese nicht mit Katalysatoren oder über die Temperatur steuern lässt); zufallsbedingt entstehen etliche verwandte Verbindungen, die anschließend mühsam abzutrennen sind. Sie entstehen jedoch nicht mit gleicher Wahrscheinlichkeit: Trägt ein C-Atom schon ein Cl-Atom, kann dieses aufgrund seiner Größe übrige H-Atome gegen weiteren Austausch abschirmen.

Die Formeln für die Chlorpropane erscheinen zunächst verwirrend, weshalb die jeweilige Verteilung der Cl-Atome auf die C-Atome vermerkt ist; das mittlere C-Atom kann wohlgemerkt nur zwei Cl-Atome aufnehmen. *Combinatorial Explosion* lässt sich erahnen: Ab dem nächsten (Butan C_4H_{10}) gibt es sogar verzweigte Moleküle!

Aufgabe 37: Ringe
Jemand besitzt jeweils zwei Ringe für die Mittelfinger (M1, M2) und die Ringfinger (R1, R2). Beide können an beiden Händen getragen werden. Wie viele Möglichkeiten gibt es dafür?

Lösung
Eine solche Frage vermag aufschlussreiche Beziehungsgespräche auszulösen („Du, der andere da ist aber viel schöner …"). Die Zahl von Fällen (gegliedert nach 0 und 1 Ring, 2 Ringen, 3 Ringen, vier Ringen) ist wohlgemerkt zu verdoppeln, da die „Belegung" der Hände wechseln kann (Tab. 5.7). Es sind 48 Möglichkeiten.

Aufgabe 38: Sitzordnung
Sechs Leute wollen sich in einen Sitzreihe mit sechs Sesseln setzen. Zwei von ihnen wollen auf jeden Fall nebeneinander sitzen. Wie viele Möglichkeiten gibt es dafür?

Lösung
Wollen zwei nebeneinander sitzen, werden sie beim Vertauschen als Einheit behandelt: Es ist nur $5! = 120$ zu berechnen. Dies ist allerdings zu verdoppeln, da die beiden miteinander durchaus tauschen können. Es sind also 240 Möglichkeiten.

Aufgabe 39: Pokerrunde
Ein Mann hat fünf Freunde, von denen er in jedem Monat drei verschiedene zu einem Pokerabend einladen will. Lässt sich das so machen?

Tab. 5.6 Chloralkane (C1, C2, C3)

Chlor-Atome	Methan	Ethan	Propan
0	CH_4 1 Molekül	$CH_3\text{-}CH_3$ 1 Molekül	$CH_3\text{-}CH_2\text{-}CH_3$ 1 Molekül: (0, 0, 0)
1	CH_3Cl 1 Molekül	$CH_2Cl\text{-}CH_3$ 1 Molekül	$CH_2Cl\text{-}CH_2\text{-}CH_3$ $CH_3\text{-}CHCl\text{-}CH_3$ 2 Isomere: (1, 0, 0), (0, 1, 0)
2	CH_2Cl_2 1 Molekül	$CHCl_2\text{-}CH_3$ $CH_2Cl\text{-}CH_2Cl$ 2 Isomere	$CHCl_2\text{-}CH_3\text{-}CH_3$ $CH_3\text{-}CCl_2\text{-}CH_3$ $CH_2Cl\text{-}CHCl\text{-}CH_3$ $CH_2Cl\text{-}CH_2\text{-}CH_2Cl$ 4 Isomere: (2, 0, 0), (0, 2, 0), (1, 1, 0), (1, 0, 1)
3	$CHCl_3$ 1 Molekül	$CCl_3\text{-}CH_3$ $CHCl_2\text{-}CH_2Cl$ 2 Isomere	$CCl_3\text{-}CH_2\text{-}CH_3$ $CHCl_2\text{-}CHCl\text{-}CH_3$ $CHCl_2\text{-}CH_2\text{-}CH_2Cl$ $CH_2Cl\text{-}CCl_2\text{-}CH_3$ $CH_2Cl\text{-}CHCl\text{-}CH_2Cl$ 5 Isomere: (3, 0, 0), (2, 1, 0), (2, 0, 1), (1, 2, 0), (1, 1, 1)
4	CCl_4 1 Molekül	$CCl_3\text{-}CH_2Cl$ $CHCl_2\text{-}CHCl_2$ 2 Isomere	$CCl_3\text{-}CHCl\text{-}CH_3$ $CCl_3\text{-}CH_2\text{-}CH_2Cl$ $CHCl_2\text{-}CCl_2\text{-}CH_3$ $CHCl_2\text{-}CH_2\text{-}CHCl_2$ $CHCl_2\text{-}CCl\text{-}CH_2Cl$ $CH_2Cl\text{-}CCl_2\text{-}CH_2Cl$ 6 Isomere: (3, 1, 0), (3, 0, 1), (2, 2, 0), (2, 0, 2), (2, 1, 1), (1, 2, 1)
5	–	$CCl_3\text{-}CHCl_2$ 1 Molekül	$CCl_3\text{-}CCl_2\text{-}CH_3$ $CCl_3\text{-}CHCl\text{-}CH_2Cl$ $CCl_3\text{-}CH_2\text{-}CHCl_2$ $CHCl_2\text{-}CCl_2\text{-}CH_2Cl$ $CHCl_2\text{-}CHCl\text{-}CHCl_2$ 5 Isomere: (3, 2, 0), (3, 1, 1), (3, 0, 2), (2, 2, 1), (2, 1, 2),
6	–	$CCl_3\text{-}CCl_3$ 1 Molekül	$CCl_3\text{-}CCl_2\text{-}CH_2Cl$ $CCl_3\text{-}CHCl\text{-}CHCl_2$ $CCl_3\text{-}CH_2\text{-}CCl_3$ $CHCl_2\text{-}CCl_2\text{-}CHCl_2$ 4 Isomere: (3, 2, 1), (3, 1, 2), (3, 0, 3), (2, 2, 2)
7	–	–	$CCl_3\text{-}CCl_2\text{-}CHCl_2$ $CCl_3\text{-}CHCl\text{-}CCl_3$ 2 Isomere: (3, 2, 2), (3, 1, 3)
8	–	–	$CCl_3\text{-}CCl_2\text{-}CCl_3$ 1 Molekül: (3, 2, 3)

Tab. 5.7 Wahl von Ringen

Links	Rechts	Links	Rechts	Links	Rechts	Links	Rechts
–	–	M1 R1	–	M1 R1	M2	M1 R1	M2 R2
M1	–	M1 R2	–	M1 R1	R2	M1 R2	M2 R1
M2	–	M2 R1	–	M1 R2	M2		
R1	–	M2 R2	–	M1 R2	R1		
R2	–	M1	M2	M2 R1	M1		
		M1	R1	M2 R1	R2		
		M1	R2	M2 R2	M1		
		M2	R1	M2 R2	R1		
		M2	R2				
		R1	R2				

Lösung
Es handelt sich um eine nicht-geordnete Auswahl. Damit kann er zumindest $C(5,3) = 10$ Monate abdecken – und die Ferienzeit auslassen (Gl. 3.3).

Aufgabe 40: Zählen mit den Fingern
Wie weit kann man im Binär-/Dualsystem an den Fingern einer Hand zählen?

Lösung
Die Faust ist die Null; Daumen und Finger haben die Werte $2^0 = 1$; $2^1 = 2$; $2^2 = 4$; $2^3 = 8$; $2^4 = 16$. Dann geht es los: Daumen 1, Zeigefinger 2, Daumen + Zeigefinger 3, Mittelfinger 4, Mittelfinger und Daumen 5 und so fort. Alle fünf ergeben die 31 als höchste Zahl.

Aufgabe 41: Obst (2)
Teilnehmer einer Tagung können sich in der Pause aus vier Körben Äpfel, Birnen, Bananen und Pfirsiche nehmen. Wie viele Möglichkeiten gibt es, wenn niemand mehr als zwei Stück nehmen soll?

Lösung
Obst der gleichen Sorte wird als nicht-unterscheidbar angenommen. Es gibt wie üblich mehrere Fälle:

Es wird nichts genommen – 1 Möglichkeit.
Es wird nur ein Stück genommen – 4 Möglichkeiten.
Es werden zwei Stück gleicher Sorte genommen – 4 Möglichkeiten.
Es werden zwei Stück unterschiedlicher Sorte genommen – 6 Möglichkeiten (Gl. 3.8).

Ob es machbar ist, ist abhängig von der Zahl der Anwesenden, ihren Vorlieben und der Menge an Obst. Soll für jeden Fall ausreichend vorhanden sein, ist anzunehmen, dass alle Anwesenden das Gleiche wollen: Von jeder Sorte Obst wäre dann das Doppelte der erwarteten Zahl Teilnehmender zu besorgen.

Aufgabe 42: Mannschaftswahl
Aus einer Schulklasse mit 25 Kindern sollen 5 für eine Fußballmannschaft des Schuljahrgangs ausgewählt werden. Die beiden besten Spieler müssen auf jeden Fall dabei sein, und drei Kinder wollen nicht mitmachen. Wie viele Möglichkeiten gibt es?

Lösung
Sollen zwei sowieso dabei sein, müssen sie nicht, wollen drei andere nicht mitmachen, können sie nicht ausgewählt werden; $C(22,3) = 1540$ Möglichkeiten bleiben (Gl. 3.3).

Aufgabe 43: Holzwürfel
In einer bekannten Aufgabe wird ein lackierter Holzwürfel durch zwei Teilungen $(t = 2)$ in jeder Raumrichtung in $3 \cdot 3 \cdot 3 = 27$ kleine Würfel geteilt. Es ist anzugeben, wie viele Flächen dieser kleinen Würfel jeweils lackiert sind.

Lösung
Es lohnt sich, auch hier nach einem Muster zu suchen: Dazu werden die Teilungen in $2 \cdot 2 \cdot 2 = 8$ ($t = 2$), $4 \cdot 4 \cdot 4 = 64$ ($t = 3$) und $5 \cdot 5 \cdot 5 = 125$ ($t = 4$) Teilwürfel untersucht (Tab. 5.8). Es ergibt sich die Beziehung $N(t) = (t+1)^3 = t^3 + 3 \cdot t^2 + 3 \cdot t + 1 = (t-1)^3 + 6 \cdot (t-1)^2 + 12 \cdot (t-1)^1 + 8(t-1)^0$, die für noch feinere Teilungen genutzt werden kann.

Aufgabe 44: Lampenschaltung
In einem Raum sind drei Leuchtkörper verbaut, die unabhängig voneinander ein-. und ausgeschaltet werden können. Wie viele Schaltzustände (ein/aus) sind möglich?

Lösung
Gesucht ist die Summe aller Zusammenstellungen der jeweils zwei Schaltzustände aller Lampen nach $C(3,0) + C(3,1) + C(3,2) + C(3,3) = 1 + 3 + 3 + 1 = 8$; das ist eine Zeile im Pascalschen Dreieck).

Tab. 5.8 Lackierter Würfel

Dimensionalität	Farbflächen	$t = 0$	$t = 1$	$t = 2$	$t = 3$	$t = 4$
D_0 (Punkt)	3 (Ecke)	–	8	8	8	8
D_1 (Linie)	2 (Kante)	–	–	12	24	36
D_2 (Fläche)	1 (Fläche)	–	–	6	24	54
D_3 (Körper)	0 (Inneres)	–	–	1	8	27
Summe $N(t)$		$1^3 = 1$	$2^3 = 8$	$3^3 = 27$	$4^3 = 64$	$5^3 = 125$

Aufgabe 45

20 Äpfel sind auf 5 Behälter zu verteilen, wobei in keinem weniger als drei und mehr als sechs Äpfel sein sollen. Wie viele Möglichkeiten gibt es?

Lösung

Es sind $k = 5$ nicht-leere Teilmengen zu bilden *(Partitionen)*, wobei die einschränkenden Bedingungen das mühselige Suchen nach einer Gleichung überflüssig machen: $n = 20 = n_1 + n_2 + n_3 + n_4 + n_5$ mit $3 \leq n_1, n_2, n_3, n_4, n_5 \leq 6$. Die Äpfel sollen nicht-unterscheidbar sein. Kurzes Kopfrechnen verhilft zur Erkenntnis, dass es eine Gleichverteilung gibt und anderenfalls nie mehr als drei Dreiermengen oder eine Sechsermenge. Es sind also fünf Möglichkeiten:

$$20 = 3+3+3+5+6$$
$$20 = 3+3+4+5+5$$
$$20 = 3+3+4+4+6$$
$$20 = 3+4+4+4+5$$
$$20 = 4+4+4+4+4$$

Sind die Behälter unterscheidbar, etwa weil mit einem Namensschild versehen, werden die jeweiligen Vertauschungen gebildet nach $2 \cdot 5!/3! + 2 \cdot 5!/(2! \cdot 2!) + 1 = 40 + 60 + 1 = 101$ (Gl. 3.1 und 3.2).

Aufgabe 46

Wie viele Möglichkeiten gibt es, n nicht-unterscheidbare Dinge auf n unterscheidbare Behälter zu verteilen, wenn

- in allen Behältern die gleiche Anzahl,
- ein Behälter leer oder
- alle Dinge in nur einem Behälter sein sollen?

Wie ist es bei unterscheidbaren Dingen?

Lösung

Sind die Dinge nicht unterscheidbar, findet sich im ersten Fall in jedem Behälter genau ein Ding; es gibt nur eine Möglichkeit. Im zweiten Fall müssen in irgendeinem Behälter zwei Dinge sein, nicht mehr und nicht weniger; es gibt dafür $(n - 1)$ Möglichkeiten, weil folgerichtig einer der Behälter leer ist. Im dritten Fall kann es jeden Behälter treffen; es gibt n Möglichkeiten.

Sind die Dinge unterscheidbar, können sie im ersten auf $n!$ und im letzten ebenfalls auf n Arten verteilt werden. Im zweiten Fall muss ein Behälter leer, ein weiterer mit zwei Dingen und alle anderen mit jeweils einem befüllt sein. Die zwei werden durch Auswahl aus der Gesamtmenge bestimmt, alles zusammen wird dann nach $P(n, n - 2, 0) = n! \cdot C(n, 2)$ vertauscht.

Aufgabe 47: Auswahl von Kugeln

Wie viele weißer, graue und schwarze Kugeln werden benötigt, wenn es möglich sein soll, aus dem Vorrat alle möglichen Auswahlen von drei Kugeln – in allen Zusammenstellungen und Reihenfolgen mit sämtlichen Wiederholungen – zu erzeugen?

Lösung (Abb. 5.9)

Das ist davon abhängig, ob der Versuch mit oder ohne „Zurücklegen" durchgeführt wird: Ersteres erfordert 9 Kugeln, also jeweils drei weiße, graue, schwarze; damit sollte nach hinreichend vielen Auswahlen jede der 27 möglichen Zusammenstellungen einmal erfolgt sein. Letzteres erfordert 81 Kugeln, also also jeweils 27 weiße, graue und schwarze. Aus diesen kann in aller Ruhe und ohne Lauern auf den Zufall ausgewählt werden.

Aufgabe 48: Lotto

Wie groß ist die Wahrscheinlichkeit, in der Lotterie „6 aus 49" einen Dreier zu gewinnen?

Lösung

Die Auswahl der gezogenen ist auf die restlichen Zahlen zu beziehen: C(6,3) · C (43,3) = 20 · 12.341 = 246.820 (Gl. 3.3); die Wahrscheinlichkeit beträgt etwa 0,0004 %.

Aufgabe 49: Gläserklingen

Bei einem Arbeitsessen wird auf einen geschäftlichen Erfolg angestoßen. Zwei Beschäftigte des Restaurants zählen aus dem Nebenraum das Klingen der Gläser. Sie kommen auf 18 und wundern sich, hatten sie doch vorher 7 Gäste gezählt. Was stimmt nicht?

Lösung

Es handelt sich um eine nicht-geordnete Auswahl von Paaren (Gl. 3.6). Daraus ergibt sich die Folge der Dreieckszahlen: Bei zwei Leuten klingen die Gläser einmal, bei drei dreimal und so fort (6, 10, 15, 21, 28, …). Bei sieben Gästen hätten sie 21 Klänge hören müssen. Tatsächlich können sich Klänge überlagert haben, oder einige Anwesende haben das Anstoßen aufgrund der Entfernung zwischen ihnen nur angedeutet.

Aufgabe 50: Obst (3)

Bei einer Veranstaltung wird in der Pause unter anderem Obst gereicht: Es gibt zwei Körbe mit Äpfeln und Bananen. Es handelt sich um einen Versuch mit Zurücklegen: Jeder nimmt sich ein Stück Obst und legt es nach dem Anbeißen wieder zurück. Wann bleiben von den ursprünglich a Äpfeln und b Bananen nur noch angebissene zurück?

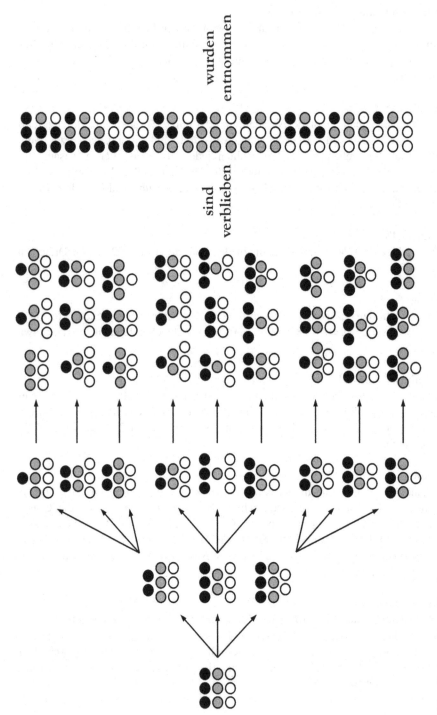

Abb. 5.9 Auswahl von Kugeln

Lösung

Vorausgesetzt, die Teilnehmenden greifen nacheinander in die Körbe, kann der erste einen Apfel nehmen, dann bleiben (a − 1) heile Äpfel und ein angebissener übrig; wird eine Birne gewählt, sind es (b − 1) und eine. Für die weitere Verteilung kann der übliche „Baum" gezeichnet werden. Statt hier jedoch Kombinatorik anzuwenden, wäre es ratsam nachzusinnen, ob man auf einer solchen Veranstaltung am richtigen Ort ist.

Nachwort

Was taugt dieser Kompaktkurs Kombinatorik? Er soll, soweit der ursprüngliche Ansatz, nicht weniger als fünf Zwecken dienen, nämlich

- etwas von meiner Begeisterung für dieses Fachgebiet mit seinen vielen Querverbindungen vermitteln,
- eventuell vorhandene Berührungsängste vor angewandter Mathematik abbauen,
- einen anwendungsgeneigten Überblick über die wichtigsten Begriffe und Rechenverfahren geben,
- dazu anregen, über Fachgrenzen hinweg zu denken und Lösungen mit den jeweils verfügbaren Mitteln zu suchen und dabei
- auf Anwendungen der Kombinatorik im Alltag zu achten.

Ob mir all dies gelungen ist, müssen die Lesenden für sich entscheiden. Im Vorteil sind gewiss diejenigen, die Vergnügen darin finden, im Alltag nach Mustern zu suchen. Aber auch das kann man lernen. Gewiss gibt es Grenzen. Noch vor 200 Jahren glaubten Forscher wie *Pierre-Simon Laplace* (*1749, †1827), man könne jeden derzeitigen und künftigen Zustand berechnen, wüsste man nur um Ort und Bewegungsrichtung aller beteiligten Teilchen sowie die wirkenden Gesetzmäßigkeiten. Das wurde bekanntlich widerlegt – doch wenn es um ganze Gesellschaften geht, hält sich der Glaube, „alles" über „alle" zu wissen, würde Sicherheit bringen. Nun ist der Wert von *Big Data* abhängig von den Absichten der Sammelnden (95 % aller Speicherinhalte werden nach Branchenschätzungen ohnehin nicht genutzt), und ein Bit hat andere Eigenschaften als ein Atom oder eine Zahl. Verantwortung heißt zu wissen, was wir tun und zu prüfen, ob ein Fortschritt tatsächlich ein solcher ist. Müssen wir dabei vergleichen, auswählen, abwägen, werden wir vom *homo ludens* zum *homo combinatoricus*. Wir können uns dabei sogar Regeln geben, etwa diese:

- Du sollst dir einen Überblick verschaffen, dabei Muster und Zweck suchen.
- Du sollst auch mal bei Null beginnen zu zählen.
- Du sollst zeichnen, was du gerechnet hast – und umgekehrt.
- Du sollst das Verfahren wechseln, wenn die Zahlen zu groß werden.

© Der/die Herausgeber bzw. der/die Autor(en), exklusiv lizenziert an Springer-Verlag GmbH, DE, ein Teil von Springer Nature 2023
M. Kraus, *Kompaktkurs Kombinatorik,* https://doi.org/10.1007/978-3-662-66973-0

- Du sollst nur dann etwas weglassen, wenn du weißt, worum es geht. U n d daraus folgt, es ist nun schon zu ahnen, wieder eine Entscheidung: Sollen wir uns anmerken lassen, dass wir das Muster kennen, oder es stillschweigend für uns nutzen? Wer sich hingegen nur mit dem rechnerischen Teil befassen will, lernt in der Kombinatorik zumindest zweierlei zu unterscheiden:
- Das eine sind die Zahlen (mit den Ziffern als Zeichen); man kann mit ihnen zählen oder rechnen, sie in Summanden aufteilen *(Partition)* oder ihre Teiler ermitteln.
- Das andere sind Dinge; man kann deren Anzahl bestimmen (und diese mit Zahlen ausdrücken), sie ordnen, vertauschen *(Permutation),* daraus auswählen *(Kombination, Variation)* oder sie verteilen *(Stirling-Zahl 2. Art).*

Wer beide verwechselt, versucht eine Speisekarte zu essen oder auf einer Landkarte zu wandern. Mathematik mag auf Abstraktionen und Formalisierungen beruhen; das heißt aber nicht, dass sie lebensfremd sein muss (wie auch diejenigen, die sich beruflich mit ihr befassen, nicht zwingend Sonderlinge sein müssen). Die Leistungsfähigkeit moderner Gesellschaften beruht wesentlich auf dem allmählichen Übergang zur Sesshaftigkeit und Arbeitsteiligkeit (seit etwa 10.000–12.000 Jahren); dies war Voraussetzung für das Entstehen vieler neuer Technologien, die immer mehr in der Mathematik (auch Physik und Informatik, Chemie oder Biologie) wurzelten. Wissenschaften und ihre Anwendungen haben sich stets – und erheblich seit etwa 300 Jahren – in einer lebhaften Wechselwirkung entwickelt. Dabei erschien die Kombinatorik immer wieder in neuen Zusammenhängen. Es ist also sinnvoll, sich mit ihr zu befassen, inhaltlich und geschichtlich.

Zudem hat die Moderne, heute auch *Anthropozän* genannt und seit etwa 150 Jahren andauernd (die Zeitspanne ist noch umstritten), das Leben zweifellos für viele Menschen sicherer und bequemer gemacht; die Lebenserwartung ist in den meisten Gegenden der Welt gestiegen, wenngleich es immer noch Armut, Hunger und Kriege gibt. Die Kehrseite ist das Leben mit bunten Bedienoberflächen: Was ein Gerät, ein Verfahren, eine Behörde tatsächlich „machen" und warum, bleibt vielen verborgen; es lebt sich auch gut mit *Black Boxes,* zumindest so lange Störfälle ausbleiben. Genügt das aber?

Kombinatorik ist überall. Ob wir versuchen, uns mit einem QR-Code Zugang zu irgendetwas oder irgendjemandem zu verschaffen, ob wir das restliche Geld auf die restlichen Tage des Monats verteilen oder überlegen, in welcher Reihenfolge wir uns zu den Feiertagen verwandtschaftlicher Verpflichtungen entledigen, unsere Blutgruppe bestimmen lassen, Spracherkennungen nutzen – immer wird verglichen, ausgewählt, sortiert. Auf einer Party ereilen uns die neuesten Ergebnisse einer Selbstfindung: „Stell dir vor, wenn ich ganz fest an etwas Gutes denke, wird mein Herzschlag schneller, oder er bleibt gleich. Manchmal wird er sogar langsamer. Und denk dir, wenn ich an etwas Schlechtes denke, ist es genau umgekehrt!" Auch das ist Kombinatorik, bringt uns zwar kein Stück weiter, schützt aber in diesem Moment vor dem Ausrasten, weil wir im Geiste den „Baum" dazu zeichnen. Spiele wie Schach, aber auch Dame, Halma, Domino lassen sich mit den Mitteln der Kombinatorik modellieren (wenngleich nicht immer gewinnen); Rennsportarten folgen ihren Regeln. Die Systemgastronomie ermöglicht es, sich zeit- und kostensparend Menüs zusammenzustellen. Und die Suche nach der Liebe fürs Leben oder wenigstens für die nächsten Wochen umfasst auf diversen Plattformen für *Dating Services* nicht mehr und nicht weniger als den gewichteten Abgleich von Merkmalen und Eigenschaften, Vorlieben und Neigungen (wie zielsicher dies geschieht, sei dahingestellt).

Weitere Anwendungen der Kombinatorik lassen sich im Bauwesen finden. Zwar bin ich einst in Ost-Berlin nicht in einem „Plattenbau" aufgewachsen, wohl aber arbeitete meine Mutter in einem der großen staatlichen Wohnungsbauunternehmen, die solche errichteten. Die schweren Tieflader mit den fertigen Wandplatten gehörten zum Straßenbild der Vorwendejahre. Und die aus einer kostenbedingt recht geringen Zahl von Grundbauteilen errichteten Bauten waren damals sehr begehrt (Fernheizung, Bad und WC, ...). Die Vorfertigung baugleicher Teile, die jedoch vor Ort zu Wohnungen verschiedener Größe und Häusern verschiedener Geschosszahl zusammengestellt werden konnten, gelang durch Fließfertigung auf „Taktstraßen" und ermöglichten die vergleichsweise schnelle Errichtung ganzer Wohngebiete, die nach der Wende vielerorts durch Versorgungseinrichtungen und Nahverkehr ergänzt wurden und heute den Wohnungsmarkt zahlreicher Städte in Nordostdeutschland erheblich entlasten. Erst nach der Wiedervereinigung wurde mir bewusst, dass solche Bauten nicht nur in ehemaligen Ostblockländern zu finden waren, oftmals schmuck- und trostloser als im Osten Deutschlands ausgeführt; ich konnte in Frankreich, Spanien und Italien diverse Scheußlichkeiten in Stahlbeton bewundern, die lediglich errichtet wurden, um mit der Unterbringung der ärmeren Bevölkerungsgruppen Geld zu verdienen. Heute bin ich im Aufsichtsrat einer Wohnungsbaugenossenschaft damit befasst, die (wieder oder immer noch) als guten und kostengünstigen Wohnraum geltenden Serienbauten des Bestandes zu erhalten und aufzuwerten. Und mittlerweile wird auch hierzulande die Kombinatorik des Serienwohnungsbaus und der Modulsysteme wiederbelebt.

Ein weiteres Arbeitsfeld ist die zunehmende Ausstattung von Gebäuden mit Photovoltaik-Anlagen. In einigen Bundesländern ist sie bereits bei Neubauten oder umfangreichen Dachsanierungen gesetzlich gefordert. Doch wer sich begeistert und klimabewusst der Zukunft zuwenden will, wird überwältigt von der Vielfalt der nötigen Entscheidungen:

- Nicht nur gilt es zwischen Hunderten von Solarmodulen und Bauteilen für Steuerung und Regelung, Wechselrichtern, Stromzählern und Stromspeichern (Akkumulator/Batterie) zu wählen.
- Es sind auch Bauweise, Fläche und Ausrichtung des Dachs sowie bestehende Aufbauten (Schornstein, Blitzschutz, Ausstiege, Be- und Entlüftungen, ...) sowie eventuelle Auflagen (Denkmalschutz!) zu beachten.
- Die Ertragserwartung ergibt sich aus Branchendaten und Erfahrungswerten, im Einzelfall sind aber der künftige Stromverbrauch und eventuelle Erweiterungen der Anlage (Wärmepumpe, Ladevorrichtungen, ...) schon vorauszudenken.

- Es ist ferner zu entscheiden, ober der Strom nur den Eigenbedarf decken oder vollständig ins Netz eingespeist werden soll oder beides anteilig; in jedem Fall ist durchzurechnen, wie viel Strom für den Eigenbedarf zugekauft werden muss. Soll die Anlage selbst betrieben oder gemietet werden? Es ist fast müßig zu erwähnen, dass sich die Melde-, Buchführungs- und Steuerpflichten nach Anlagengröße und Strommenge bemessen und der Betrieb der Anlage als solches bereits eine unternehmerische Tätigkeit darstellt …
- Mag der Aufwand beim Eigenheim noch zu bewältigen sein, sind bei Mehrfamilienhäusern und ganzen Wohnanlagen die jeweiligen Eigentumsverhältnisse, Regelungen für den Fall einer Vererbung oder Veräußerung, die Erwartungen von Anteilseignern, die Umlage von Kosten nach dem Mietrecht und dergleichen mehr zu berücksichtigen.

Kombinatorische Optimierung ist auch da gefragt (sowie gute Beratung). Da zudem die Wirtschaftlichkeit einer solchen Anlage über eine geplante Laufzeit von üblicherweise 20 Jahre nur bedingt abzuschätzen ist (da abhängig nicht nur von der Sonneneinstrahlung, sondern auch der staatlichen Förderung und Besteuerung sowie der Entwicklung der Strom- und Gaspreise und damit der Weltwirtschaft) und die Solarbranche derzeit wie andere mit Fachkräftemangel und Preissteigerungen zu kämpfen hat, verwundert es nicht, wenn so manche Anlage vorerst nur gemietet oder gar nicht erst geplant wird …

Dies soll als abschließender Überblick genügen. Wer auch nur irgendwo im Leben Wahlmöglichkeiten erkennt, kann sich auf Kombinatorik stützen – oder auch nicht, denn selbst das ist eine Wahlmöglichkeit. Es ist jedoch wichtig zu erkennen, dass Kombinatorik wichtig ist und bleibt, aber für die allermeisten Menschen im Hintergrund alltäglicher Anwendungen bleiben wird. Davon bietet Kombinatorik als Fachgebiet viele gute Überleitungen von gegenständlichen Wahrnehmungen zu gedanklichen Verbindungen, eine zwar nicht ganz ohne Übung gelingende, aber anschauliche Art, ganzheitlich zu denken. Das ist in unseren bewegten Zeiten mehr als zuvor wichtig. In der Zeit der letzten großen Finanzkrise 2009 schrieb ich diese „60 Fragen"; natürlich geht es um Kombinatorik, und das Ganze passt immer noch und gerade wieder:

1. *wie gut ist ein eingeholter rat verteuerbar?*
2. *wie gut ist die einholung eines rates zu verteuern?*
3. *wie gut einholbar sind teure berater?*
4. *wie gut ist der eingeholte teure rat?*
5. *wer verguetet uns die einholung eines teuren rates?*
6. *wie beguetert muessen die einholer teuren rates sein?*
7. *wie gut kœnnen wir rat einholen bevor er zu teuer wird?*
8. *was ist denn gut an der beratung teurer einholer?*
9. *was wenn der gute rat zu teuer ist um noch eingeholt zu werden?*
10. *welcher gute rat verteuert sich beim einholen?*

11. *wie gut ist der rat der uns teuer einholt?*
12. *warum wird der gute rat so teuer wenn wir ihn einholen?*

13. *wie gut ist es sich von ratsamer verteuerung einholen zu lassen?*
14. *wie kœnnen begueterte berater teuer eingeholt werden?*
15. *wie verguetet man uns das teure einholen von rat?*
16. *wann ist ein gutes verteuern der einholung ratsam?*
17. *was ist guetiger als die teure einholung eines rates?*
18. *wie gut kœnnen wir ueberteuerten rat einholen?*
19. *wie gut ist teurer rat noch einholbar?*
20. *wann wird uns die guete teuren rates einholen?*

21. *wie gut ist es teuren rat einzuholen?*
22. *wie wird sich die einholung von gutem rat noch verteuern?*
23. *wie einholbar ist guter rat der nicht teuer sein darf?*
24. *wann ist die einholung von guetern trotz verteuerung ratsam?*
25. *wie kann die einholung ratsam aber guetig verteuert werden?*
26. *was ist dem einholenden zu raten wenn alles teure gut werden soll?*
27. *wie einholbar ist die ratsame verteuerung von guete?*
28. *wer kann uns beim einholen teurer gueter beraten?*
29. *wer kann uns bei der uns einholenden teuren verguetung beraten?*
30. *wie ist die einholung von teurem rat zu verguetent?*

31. *was kann sich bei geratener guete der einholung verteuern?*
32. *wann ist es ratsam gutes teuer einzuholen?*
33. *wann ist die ratsamkeit von guete nur noch teuer einholbar?*
34. *wie wird sich das beraten von eingeholtem gut verteuern?*
35. *wer will schon rat einholen der weder gut noch teuer ist?*
36. *wie ratsam ist das einholen teurer gueter?*
37. *welche berater werden uns mit ihren teuren guetern einholen?*
38. *wo sind denn ratsame teure gueter einholbar?*
39. *was wenn der rat zu teuer ist fuer die einholende guete?*
40. *wer kann eine beratung ueber teure gueter einholen?*

41. *welche berater sind nur teuer mit guete einzuholen?*
42. *wie sind berater von teuren einholern zu verguetent?*
43. *was verteuert die guete der eingeholten beratung?*
44. *wie teuer ist die guete die nicht mehr vom rat eingeholt werden kann?*
45. *wie teuer kœnnen wir guten rat einholen?*
46. *wie verteuert sich guter rat beim einholen?*
47. *wann werden wir von unseren teuren aber guten beratern eingeholt?*
48. *wie teuer ist es begueterte ratgeber einzuholen?*
49. *was ist bei der verteuerung von gutem rat noch einholbar?*
50. *wer kann den sich verteuernden guten rat einholen?*

51. *wie teuer ist das einholen eines guten rates?*
52. *welche verteuerung wird uns einholen wenn wir guten rat haben?*
53. *wann ist die verteuerung eingeholter gueter ratsam?*
54. *welche verteuerung einholbaren rates ist noch gut?*
55. *wann werden uns teure berater unserer gueter wegen einholen?*
56. *wann werden uns teure beratungen in all ihrer guete einholen?*
57. *warum sind wir zu teuer beraten wenn wir von guete eingeholt werden?*
58. *welche verteuerung ist ratsam um die gueter noch einzuholen?*
59. *wie guetig ist eingeholter aber zu teurer rat?*
60. *wie teuer wird die guete des eingeholten rates?*

Stichwortverzeichnis

Printed in the United States
by Baker & Taylor Publisher Services